农民工知识技能培训丛书

方 韧/主编

农民工安全生产与
劳动保护常识

陆 爽 甘行建 编著

贵州人民出版社

图书在版编目(CIP)数据

农民工安全生产与劳动保护常识/方韧主编. —贵阳:贵州人民出版社,2010.4

(农民工知识技能培训丛书)

ISBN 978 - 7 - 221 - 08914 - 4

Ⅰ.①农…Ⅱ.①方…Ⅲ.①安全生产 – 基本知识②劳动保护 – 基本知识Ⅳ.①X9

中国版本图书馆 CIP 数据核字(2010)第 037810 号

书　　名	农民工安全生产与劳动保护常识	
编　　著	陆　爽　甘行建	
出版发行	贵州人民出版社	
地　　址	贵阳市中华中路 289 号	
责任编辑	程　立　金海洋	
封面设计	唐锡璋	
印　　刷	贵阳云岩通达印务有限公司	
规　　格	890×1194 毫米　1/32	
字　　数	130 千字	
印　　张	5	
版　　次	2010 年 4 月第 1 版第 1 次印刷	
书　　号	ISBN 978 - 7 - 221 - 08914 - 4	
定　　价	12.00 元	

目 录

第一章　安全生产与劳动保护概述

一、我国农民工安全生产与劳动保护现状

（一）目前我国农民工安全生产与劳动保护存在的主要问题

农民工是我国改革开放以来，农村富余劳动力转移到城市（镇）和乡镇企业就业，逐步形成的一个数量庞大的新的社会阶层。根据国家统计局对农民工监测调查口径范围的规范，农民工包括全年外出从业6个月及以上的外出农民工全年从事本地非农活动6个月及以上的本地农民工。

农民工是工业化、城镇化、现代化进程中出现的新生事物，在我国工业化、城镇化、现代化建设中发挥着越来越重要的作用，已成为我国产业大军中的一支重要力量。据国家统计局农民工统计监测调查显示，截至2008年12月31日，全国农民工总量为22542万人。其中本乡镇以外就业的外出农民工数量为14041万人，占农民工总量的62.3%；本乡镇以内的本地农民工数量为8501万人，占农民工总量的37.7%。在外出务工的14041万农民工中，按输出地分，来自中部、西部和东部地区外出农民工数量比例分别为37.6%、32.7%、29.7%。按输入地分，东部地区吸纳外出农民工占外出农民工总数的71%，中部占

13.2%、西部占15.4%。在本地就业的8501万农民工主要集中在东部地区,占62.1%,中部地区占22.8%,西部地区占15.1%。

农民工为社会创造了财富,为农村增加了收入,为城乡发展注入了活力,为国家现代化建设做出了重大贡献。然而,由于我国经济的二元结构,相关的法律、法规、制度不健全,以及其他一些社会经济方面的原因,目前我国农民工在社会上处于弱势地位,农民工面临的问题十分突出。主要是:工资偏低,拖欠工资现象严重;劳动时间长,安全条件差;缺乏社会保障,职业病和工伤事故多;培训就业、子女上学、生活居住等方面也存在诸多困难,经济、政治、社会权益得不到有效保障。其中安全生产与劳动保护方面的问题最为突出。具体表现在以下几个方面:

1. 安全防护措施差

大量小型非公有制企业、个私企业主利欲熏心,"只管赚钱,不管安全"。为追求利润的最大化,有意降低、减少、甚至取消安全卫生基础设施的投入,劳动防护用品只是一个不合格的口罩和一副手套,根本起不到防护作用。

2. 农民工的劳动环境和工作条件比较差

一些企业经营者为了减少成本,在有毒有害岗位上大量使用农民工,致使农民工发生职业病和工伤事故的比例高。调查表明,非公有制企业发生工伤事故,农民工占伤亡总数的80%以上,因生产安全事故残废的90%以上是农民工。特别是矿山、建筑、制造等劳动密集型企业,工作环境恶劣,劳动强度大。农民工长期在高空、高温、粉尘、噪音、毒气等职业危害大的环境下作业,因事故遭受工伤及患职业病频繁,身体及人身安全受到了较大的危害。

3. 任意延长劳动时间

农民工普遍反映劳动超时现象严重。不少用人单位经常让农民工加班加点,严重损害了农民工的身心健康。特别是建筑行业,为赶工期,借口工作量承包,对农民工工作时间任意延长、不付加班工资。在不太规范的中小企业打工的农民工基本没有休息权的概念,每天平均工作时间在 10 小时以上。据国务院研究室发布的《中国农民工调研报告》,农民工每天工作大多超过 8 小时。在被调查者中,每天工作时间 8 小时以内的仅占 13.70% ,8 ~ 9 小时之间的达到 40.30% ,9 ~ 10 小时之间和 10 小时以上的分别占 23.48%和 22.50% 。

4. 安全培训工作不到位

一些企业招用农民工在上岗前不进行必要的安全培训,致使农民工安全技能低,自我保护差,事故频发。还有些企业随意剥夺农民工接受安全教育培训的权利,借口农民工流动性太大,无法集中培训,未按规定对新招农民工进行安全生产教育与培训,从而使刚放下锄头就拿起瓦刀和加工工具的农民工劳动保护和安全意识欠缺,频频发生工伤事故。特别是高危行业还普遍存在农民工无证上岗现象。

5. 职业病危害问题较严重

有的企业没有对涉及职业危害因素的农民工进行上岗前、定期、离岗时的体检,造成有职业禁忌者及职业病患者等不适合职业病危害因素作业岗位的人员继续从事此项工作;还有部分企业没有按规定提取安全生产、劳动保护专项资金或未做到专款专用,造成职业病危害因素作业场所防护设施不符合标准或运转不正常,甚至没有必要的防护措施。

6. 劳动合同签订率低

目前绝大多数用人单位与劳动者未签订劳动合同。据调查,2007 年,重庆市有 65.3%的农民工未与用人单位签订劳动合同,使用规范合同文本的仅占 28% ,而签订合同的大部分用人单位未将劳动合同交农民工保管,一旦发生劳动争议农民工仍将处于不利地位。

7.工资水平偏低,工资增长缓慢

用人单位侵害农民工取得劳动报酬现象时有发生。主要表现在:一是同工不同酬。农民工虽然从事的与城市人同样的工作,却拿着不一样的报酬。二是加班不给加班费或少给加班费。农民工大都劳动时间长、强度大、待遇低,特别是在私营企业,超时疲劳工作现象严重,但享受不到同工同酬的待遇;三是拖欠甚至拒付工资,这种情况在全国各地时常发生。工资增长缓慢也是农民工普遍遇到的问题。在我国南方外来劳动力集中的某省,过去10年农民工年工资增长率不足百元。有的地方农民工10年间月收入几乎没有什么变化,甚至还有倒退。"过去打工,月工资一般600～1000元,如今降到了500～800元。"这么微薄的工资,还被拖欠克扣。2002年全国各地累计拖欠农民工工资达400多亿元,当年劳动监察部门仅追回14亿元。许多农民工辛辛苦苦干一年,连过年回家的钱也得不到,更不用谈养家糊口了。

8.社会福利和保险无切实保障

一方面,我国农民工社会保险制度立法不健全,除部分省市建立了农民工的社会保险制度外,大多数省市尚未建立农民工的社会保险制度。由于缺乏相应的法律保障,使他们的社会保障工作难以实现强制性原则。另一方面,现有的社会福利和保险制度也没有得到很好的落实。例如,按规定,用人单位要向劳动保障部门支付每人一年1000元的社会福利保险金。为了不出这笔钱,有的单位就瞒报、少报人数。如某镇容器厂,实际用工120个,但向劳动部门只报20个,社会福利保险金的缴纳仅为1/6。此外,农民工还存在工伤保险参保率极低、工伤事故赔付金额低等问题。

(二)造成我国农民工安全生产与劳动保护问题的主要原因

产生上述问题的原因与我国经济社会结构存在的深层次矛盾紧密相关。城乡"二元"经济结构使我国城镇居民和农村居民事实上形成了两个落差很大的社会群体。同时,在农村富余劳动力逐步成为劳动力供给的主要来源的大趋势下,由于劳动力市场的供过于求,使得他们在就业市场上处于先天的弱势地位。其劳动权益很容易受到侵害。在用人单位特别是雇主用人行为不规范和追求超额利润的情况下,不可避免地存在着引发农民工工资和劳动保护问题等因素。究其原因,主要有以下几个方面:

1. 劳动保障法制建设滞后

(1)现有的保障农民工权益的法律法规不完善,劳动保障法制不健全,立法层次较低。虽然现行的劳动保障法律法规和相关政策对劳动者的合法权益作了许多规定,却未能有针对性地对农民工这样的弱势群体给予特殊保护,为他们提供便捷有效的保护措施和手段。而且,现行涉及工资支付、劳动合同的具体规定只是部门规章,立法层次较低;这些规章由于无上位法的依据,对工资支付、劳动合同签订、争议处理及违法责任的追究等问题作出具体规定受到限制。同时,在现行的法规政策中还存在一些限制农民工的歧视性条款,有待进一步清理。

(2)执法力度不够,监督不到位。执法部门对用人单位不与农民工签订劳动合同、恣意延长劳动时间、不依法提供劳动保护措施用品等行为缺乏强硬的处罚措施,监督上也存在不到位现象。

(3)法制宣传力度不够。目前尚未在全社会形成强有力的维护农民工权益的舆论氛围。

2. 部分用人单位有法不依

一些用人单位不按国家有关规定与农民工建立劳动关系、发放配备防护用品、提供良好工作环境和劳动条件,随意让农民工加班加点、延长工作时间。还有一些用人单位把自己应该承担的法律责任推给"包工头",给以后的农民工维权制造困难;有的用人单位劳动合同管理混乱,引发了大量的劳动争议。据统计,因劳动合同问题引发的上访占全部上访的比例为18%。

3. 歧视农民工的观念比较严重

一些人在思想观念上存在着许多对农民工的歧视,他们把农民工看成是"盲流",农民工得不到作为公民应有的基本尊重;在一些企事业单位的管理者思想深处,存在着农民工不应与城镇职工享受同等权益和待遇的意识;少数非公企业经营者、私营企业主甚至将农民工当成随意盘剥的对象等等,这些错误观念导致不善待农民工,使农民工在社会职业结构中实际处于最底层。

4. 农民工素质有待提高

农民工多数文化程度低,安全技能差,缺乏维权意识。由于农民工缺乏法律常识和维权意识,一旦权益遭受侵害,有的因不知法而放弃维权;有的因未签订劳动合同,拿不出维权依据,往往使农民工事先不能预见可能的风险而进行自我保护,在遇到权益受损害后往往不知道怎么样用法律武器来维护自己的权益。此外,农民工进入城镇企业后,缺乏集体谈判能力,也是造成农民工弱势地位的重要原因之一。

二、改善农民工安全生产与劳动保护状况的途径

党和国家一贯高度重视农民工问题,制定了一系列保障农民工权益和改善农民工就业环境的政策措施。2006年3月27日,国务院发布了《国务院关于解决农民工问题的若干意见》(国发〔2006〕5号)。《意见》指出,"农民工是我国改革开放和工业化、城镇化进程中涌现的一支新型劳动大军……已成为产业工人的重要组成部分……对我国现代化建设作出了重大贡献。"为统筹城乡发展,保障农民工合法权益,改善农民工就业环境,引导农村富余劳动力合理有序转移,推动全面建设小康社会进程,《意见》提出了如何解决包括农民工安全生产和劳动保护等问题的意见;

2006 年 10 月 27 日,国家国家安全生产监督管理总局、国家煤矿安全监察局、教育部、劳动和社会保障部、建设部、农业部、中华全国总工会发布了《关于加强农民工安全生产培训工作的意见》,为贯彻落实《国务院关于解决农民工问题的若干意见》,切实提高农民工特别是煤矿、非煤矿山、危险化学品、烟花爆竹、建筑等高危行业农民工自我安全保护的意识和能力,有效保障农民工生命财产安全,促进全国安全生产形势稳定好转,就加强农民工安全生产培训工作提出了重要指导性意见;2005 年初,国务院领导同志就研究解决农民工问题作出重要批示,要求国务院研究室牵头,对农民工问题进行全面、系统、深入的调查研究。先后到北京、上海、广东、山东、湖南、湖北、江苏、浙江、四川、河南、宁夏等 11 个省(区、市)进行调研,实地考察农民工集中的企业和居住区、农民工培训场所、劳动力市场、社会保险经办机构、农民工子弟小学等,召开各种类型的座谈会 50 余次。历经 10 个多月,在深入研讨、集思广益的基础上起草形成了报告,于 2006 年发布了《中国农民工调研报告》。报告汇集了对农民工问题系统调查研究的丰硕成果,是近年来全面、系统、深入研究中国农民工问题的权威成果,受到国务院领导同志和各方面的高度评价。

地方各级政府也非常关注并采取积极措施解决农民工问题。在中国社科院主办的"迁移与劳动力市场"研讨会上,国家统计局农村社会经济调查司副司长盛来运介绍,由该局牵头执行的农民工调查监测系统已经启动。该系统的大致框架是启动中央到地方对农民工的多项专门调查,在地方以 15 个劳动力输出(入)大省为重点,通过年度、季度、月度的跟踪入户抽样调查,并辅以电话回访等调查形式,意图勾勒这个广大群体的总体数量、就业、社保等生存发展状况,为后续各种相关政策的出台作数据准备。2008 年 2 月 29 日,江苏省政府第 2 次常务会议审议通过了《江苏省农民工权益保护办法》,这是该省一部专门保护农民工权益的重要规章,该规章从江苏实际出发,遵循公平对待、强化服务、合理引导、分类指导、着眼长远的指导方针,着力解决当前农民工权益保护方面存在的突出问题和矛盾,为更好地保护农民工权益提供更加有力的法律保障;2007年6月21日,北京市安全生产监督管理局、北京煤矿安全监察分局、北京市教育委员会、北京市劳动和社会保障局、北京市建设委员会、北京市农村工作委员会、北京市总工会联合发布了《关于加强农民工安全生产培训工作的实施意见》,为切实提高北京市农民工特别是煤矿、非煤矿山、危险化学品、烟花爆竹、建筑等高危行业农民工的安全素质,有效预防生产安全事故,就进一步加强本市农民工培训工作提出指导性意见;2006年11月,浙江省总工会开展工会劳动保护监督检查活动,赴杭州、温州、嘉兴、金华等地对这些情况进行督察。农民工相对集中的建筑、矿山、危化、冲压加工等行业的企业将成为重点督察对象。

与此同时,许多研究机构和学者也开展了多种形式的调查研究,认真探讨如何有效解决农民工安全生产和劳动保护问题的对策和途径。综合党和各级政府的相关政策措施,以及一些研究机构和学者的建议,目前改善农民工安全生产与劳动保护状况主要有以下几条途径:

1.加快健全和完善有关劳动法律法规

为确保农民工的合法权益,一些学者建议加快立法步伐,做到有法可依。加快社会保险地方立法,强化社会保险征缴措施,增加用人单位违法成本。出台工资支付规定,将行之有效的工资支付保障金、工资集体协商等措施上升为法规,确保执行。一些学者还建议尽快制定发布《农民权益保障法》、《企业工资条例》、《欠薪保障条例》等法律法规,进一步规范劳动合同的订立、履行以及企业工资支付等行为。在立法中应加大对企业不与劳动者签订劳动合同以及欠薪等违法行为的处罚力度。对不与劳动者签订劳动合同的用人单位,除责令整改外,还要给予相应的经济处罚,并建议在我国刑法中作出相关规定,对恶意拖欠、无故克扣农民工工资、不依法提供必要劳动保护条件并对其合法权益造成重大损害者,可追究有关责任人的刑事责任。与此同时,应推动地方加快立法进程。

2. 进一步加大安全生产执法力度

把农民工劳动保护问题应作为当前安全生产的工作重点。要重点对外商投资企业、私营企业存在的农民工工作时间过长、劳动环境恶劣等问题加强监督检查;对使用农民工较多的建设、矿山、餐饮等行业,由有关部门对用人单位与农民工签订劳动合同、提供劳动保护等情况进行专项检查、以此推动国家对农民工劳动保护工作各项政策的落实。

3. 加强法制宣传教育,提高用人单位的法制观念和农民工依法维权的意识

有关部门、新闻媒体应大力拓宽劳动保障普法宣传教育渠道、扩大宣传教育覆盖面,灵活运用各种宣传教育手段,广泛深入持久地对用人单位、农民工进行相关法制宣传教育活动,增强用人单位自觉执行国家各项法律法规、提高农民工依法维权的意识,减少劳动争议案件的发生。

4. 消除歧视农民工的错误观念

政府管理部门,特别是制定政策和执法监督者,首先应当从自身做起,消除歧视观念,把农民工作为我国产业工人的重要组成部分,作为加快城镇化进程和农民向城市转移的先导力量来对待,要从统筹协调城乡关系和建立和谐社会的重要性的角度来考虑问题,在政策制定和执法的过程中,做到对农民工平等对待、一视同仁。

要引导用人单位消除对农民工歧视的观念,扭转对农民工和城镇其他从业人员实行两种管理制度和管理办法的旧观念,把善待农民工的理念贯穿于企业管理的各项规章制度之中,贯彻到各项管理工作的实处,做到依法管理、诚信待人、平等对待、一视同仁,努力营造关爱农民工、切实维护农民工合法权益的良好环境。

要引导全社会努力营造尊重和关爱农民工良好环境,充分发挥新闻媒体的宣传引导作用和舆论监督作用,尊重农民工的辛勤劳动,树立农民工与城镇从业人员同等身份、同等地位和同等待遇的法律意识,切实维护广大农民工的权益。

5. 提高农民工组织化程度

进一步贯彻《集体合同规定》和《工资集体协商试行办法》,通过广泛推行企业工资集体协商制度,并安排农民工参与其中,使农民工获得平等的对话权利,从制度上保证农民工工资增长的合法权益,保证农民工享有企业效益增长的成果。在小企业多、农民工集中的地区、行业建立集体合同制度。在具备条件的城镇,地方工会和行业工会可以代表农民工与相关用人单位签订集体合同,从总体上维护农民工的合法权益。

6. 建立和完善农民工社会保障体系

农民工社会保障体系的建立和完善,既涉及维护农民工权益,也关系稳定农民工队伍。要根据农民工的社会保障需求,坚持分类指导、稳步推进,首先着力解决工伤保险和大病医疗保障问题,并逐步解决养老保障和其他社会保障问题。农民工的社会保障,要适应农民工就业流动性大的特点,保险关系和待遇能够转移接续,使农民工在流动就业中的社会保障权益不受损害;要兼顾农民工工资收入偏低的实际情况,实行低标准进入、渐进式过渡,调动用人单位和农民工参保的积极性。在立法中将过高的保障水平降低至基本保障,实现"高福利,窄覆盖"向"低水平,广覆盖"转变,使越来越多的劳动者进入社会保障制度内,尤其是与现阶段农民工利益攸关的工伤保险制度和医疗保险制度,更应该是优先考虑的方向。

7. 完善劳动争议处理机制

要使农民工的劳动权益得到有效保护,应对现行劳动争议的司法制度进行改革、变动和完善。对于劳动争议处理的程序的改革,重在简捷和快速,以方便农民工。劳动仲裁机关和法院应根据农民工权益保护的特殊情况建立起合理合法的简易的劳动诉讼仲裁程序;要建立起适当的律师援助和诉讼仲裁费用减免制度;要尽快实现劳动保障监察市、区县、乡镇(街道)三级维权机构建设,推动劳动争议仲裁实体化建设,同时以街道(镇)为单位划分劳动保障监察网络,建立企业劳动保障信息数据库和企业劳动用工电子档案,推动劳动保障监察"网络化"建设,切实保障劳动者的合法权益。

8. 改善对农民工的公共服务

农民工输入地政府要切实转变思想观念和管理方式,对农民工实行属地管理。要在编制发展规划、制定公共政策、建设公用设施等方面,统筹考虑长期在城市就业、生活和居住的农民工对公共服务的需要,逐步健全覆盖农民工的城市公共服务体系;要开通维权服务热线,实现政策咨询渠道畅通;政府应对陷入工资支付、工伤赔付的农民工应进一步加大法律援助力度,取消援助名额限制,实现有需求就有援助。要拓宽维权法律援助服务渠道,探索建立跨区域农民工维权机制;在外出农民工较为集中的省市,驻外地办事处也可以承担部分维权协助工作,为农民工提供维权咨询和服务;健全农民工维权举报投诉制度,并充分发挥各级工会、共青团、妇联组织在农民工维权工作中的作用。

9. 提高农民工素质

要通过培训、自学、夜校、函授等学习形式和在工作中学习的方法,提高农民工的综合素质。使他们有一技之长,有自我保护意识和方法,有依法维权的能力。

第二章 关于安全生产与劳动保护的法律法规和其他规范性文件

安全生产与劳动保护的法律法规和其他规范性文件对任何生产单位均具有强制约束力,是维护所有生产者合法权益的法律依据,当然也是农民工安全生产和劳动保护的法律依据。此外,我国还针对农民工的特殊情况,专门制定了对其进行特殊保护的法律法规。

一、关于安全生产与劳动保护的法律

安全生产是指在劳动生产过程中,要努力改善劳动条件,克服不安全因素,防止伤亡事故的发生,使劳动生产在保证劳动者安全健康和国家财产及人民生命财产安全的前提下顺利进行而采取的一系列措施和活动。劳动保护是指劳动者在生产劳动过程中各方面合法权益的法律保护,包括工作时间和休息休假制度、劳动安全技术规程、劳动卫生规程、女职工和未成年工特殊保护、劳动保护管理制度等法律规范。

我国有关安全生产的法律主要有《中华人民共和国安全生产法》、《中华人民共和国矿山安全法》、《中华人民共和国消防法》、《中华人民共和国交通安全法》;有关劳动保护的法律主要有《中华人民共和国职业病防治法》、《中华人民共和国劳动法》、《中华人民共和国工会法》等;部分内容涉及到安全生产和劳动保护的法律主要有《中华人民共和国刑法》、《中华人民共和国行政处罚法》、《中华人民共和国行政复议法》、《中华人民共和国行政诉讼法》、《中华人民共和国行政许可法》、《中华人民共和国国家赔偿法》、《中华人民共和国矿产资源法》、《中华人民共和国煤炭法》等。

二、关于安全生产与劳动保护的行政法规和 部、委规章以及相关的规范性文件

我国有关安全生产的行政法规主要有《煤矿安全监察条例》、《危险化学品安全管理条例》、《安全生产许可证条例》、《中华人民共和国矿山安全法实施办法》、《特别重大事故调查程序暂行规定》、《企业职工伤亡事故报告和处理规定》、《国务院关于特大安全事故行政责任追究的规定》、《使用有毒物品场所劳动保护条例》、《中华人民共和国尘肺病防治条例》、《中华人民共和国民用爆炸物品管理条例》、《中华人民共和国内河交通安全管理条例》、《特种设备安全监察条例》、《建设工程安全生产管理条例》、《中华人民共和国道路交通安全法实施条例》、《铁路运输安全保护条例》、《女职工劳动保护条例》、《禁止使用童工规定》、《工伤保险条例》、《劳动保障监察条例》等。

国务院有关安全生产的重要规范性文件主要有《国务院关于进一步加强安全生产工作的决定》、《国务院办公厅关于进一步加强煤矿安全生产工作的通知》、《国务院办公厅关于深化安全生产专项整治工作的通知》、《国务院办公厅关于加强中央企业安全生产工作的通知》、《国务院关于完善煤矿安全监察体制的意见》等。

我国有关安全生产的部、委规章主要有《安全生产违法行为行政处罚办法》、《煤矿安全监察复议规定》、《煤矿安全监察行政处罚办法》、《煤矿安全生产基本条件规定》、《煤矿安全生产许可证实施办法》、《非煤矿矿山安全生产许可证实施办法》、《危险化

学品生产企业安全生产许可证实施办法》、《烟花爆竹生产企业安全生产许可证实施办法》、《注册安全工程师注册管理办法》、《安全评价机构管理规定》、《安全生产监督罚款管理暂行办法》、《危险化学品生产储存建设安全审查办法》、《非煤矿矿山建设项目安全设施设计审查与竣工验收办法》、《小型露天采石场安全生产暂行规定》、《安全生产培训管理办法》、《特种作业人员安全技术培训考核管理办法》、《尾矿库安全管理规定》、《危险化学品登记管理办法》、《危险化学品经营许可证管理办法》、《危险化学品包装物、窗口定点生产管理办法》、《安全生产行政复议暂行办法》等。

三、关于农民工安全生产与劳动保护的法律法规及其他规范性文件

目前我国针对农民工的特殊情况制定的安全生产和劳动保护的法律法规和规范性文件主要有:《国务院关于解决农民工问题的若干意见》(国发〔2006〕5号,2006年3月27日发布),《国务院办公厅关于切实做好当前农民工工作的通知》(国办发〔2008〕130号,2008年12月20日发布),《关于加强农民工安全生产培训工作的意见》(国家安全生产监督管理总局、国家煤矿安全监察局、教育部、劳动和社会保障部、建设部、农业部、中华全国总工会于2006年10月27日联合发布),《国家安全监管总局关于进一步加强农民工安全生产工作的指导意见》(安监总培训〔2009〕19号,2009年2月11日发布)

此外,一些省(自治区、直辖市)也根据本地区的具体情况制定了相关的地方性法规和地方政府规章,例如:《山西省农民工权益保护条例》(山西省第十届人民代表大会常务委员会第三十次会议于2007年6月1日通过,自2007年7月1日起施行),《江苏省农民工权益保护办法》(江苏省政府第2次常务会议审议于2008年2月29日通过),《关于加强农民工安全生产培训工作的

实施意见》(北京市安全生产监督管理局、北京煤矿安全监察分局、北京市教育委员会、北京市劳动和社会保障局、北京市建设委员会、北京市农村工作委员会、北京市总工会于 2007 年 6 月 21 日联合发布)、《青海省农民工职业安全和劳动保护监督暂行办法》(青政办〔2006〕178 号,2006 年 12 月 13 日发布)等。

　　这些法律法规和规范性文件的制定,对保护农民工合法权益发挥了积极作用,体现了国家和地方各级政府对农民工问题的高度重视,也是农民工应当了解、掌握,并用以保护自身合法权益的法律武器。

第三章　安全生产基础知识

一、安全色、安全线、安全标志

在工作和日常生活中,正确掌握和使用安全色、安全标志和安全标签,能帮助我们对威胁安全健康的物体或环境迅速作出反应,从而减少事故的发生。

(一)安全色

安全色包括四种颜色,即红色、黄色、蓝色、绿色。

1.安全色的含义及用途

红色一般用来标志禁止和停止。如信号灯、紧急按钮均用红色,分别表示"禁止通行"、"禁止触动"等禁止的信息。

黄色一般用来标志注意、警告、危险。如"当心触电"、"注意安全"等。

蓝色一般用来表示指令,必须遵守的意思。如指令标志必须佩带个人防护用具,交通知识标志等。

绿色一般用来表示通行、安全和提供信息的意思。可以通行或安全情况涂以绿色标记。如表示通行、启动按钮、安全信号旗等。

2.对比色

对比色有黑白两种颜色。黄色安全色的对比色为黑色。红、蓝、绿安全色的对比色均为白色。而黑白两色互为对比色。

黑色用于安全标志的文字、图形符号、警告标志的集合图形和公共信息标志。

白色则作为安全标志中红、蓝、绿色安全色的背景色,也可用于安全标志的文字、图形符号以及安全通道,交通的标线及铁路站台上的安全线等。

红色与白色相间的条纹比单独使用红色更加醒目,表示禁止通行、禁止跨越等,用于公路交通等方面的防护栏及隔离墩。

黄色与黑色相间的条纹比单独使用黄色更为醒目,表示要特别注意、用于起重钓钩、剪板机压紧装置、冲床滑块等。

蓝色与白色相间的条纹比单独使用蓝色醒目,用于指示方向,多为交通指导性导向标。

(二)安全线

工矿企业中用以划分安全区域与危险区域的分界线为安全线。国家标准《安全色使用守则》规定,安全线用白色,宽度不得小于60毫米。常见的安全线有厂房内安全通道的表示线、铁路站台上的安全线等。在生产过程中,有了安全线的标示,就能区分安全区域和危险区域,有利于我们对安全区域和危险区域的认识和判断。

(三)安全标志

根据国家标准规定,用以表示、表达特定的安全信息、意思的安全色颜色、图形和符号,叫安全标志。

安全标志是由安全色、几何图形和图形符号构成,用以表达特定的安全信息。使用安全标志的目的是提醒人们注意不安全的因素,防止事故的发生,起到保障安全的的作用。当然,安全标志本身不能消除任何危险,也不能取代预防事故的相应设施。

1. 安全标志的类型

安全标志分为禁止标志、警告标志、指令标志、提示标志四大类型,另外还有补充标志。

2. 安全标志的含义

(1)禁止标志

禁止标志是禁止人们不安全行为的图形标志。其基本形式为带斜杠的圆形框。圆环和斜杠为红色,图形符号为黑色,衬底为白色。如"禁止通行"、"禁止吸烟"、"禁止触摸"等标志(参见图3-1)。

图3-1

(2)警告标志

警告标志是提醒人们对周围环境引起注意,以避免可能发生危险的图形标志。其基本形式是正三角形边框。三角形边框及图形为黑色,衬底为黄色。例如"当心火灾"、"当心触电"、"当心中毒"等标志(参见图3-2)。

图3-2

(3)指令标志

指令标志是强制人们必须做出某种动作或采用防范做事的图形标志。其基本形式是圆形边框。图形符号为白色,衬底为兰色。例如"必须戴安全帽"、"必须系安全带"、"必须戴防护面具"等标志(参见图3-3)。

图 3 - 3

（4）提示标志

提示标志是向人们提供某种信息的图形标志。其基本形式是正方形边框。图形符号为白色,衬底为绿色。例如"紧急出口"、"可动火区"、"避险区"等标志(参见图 3 - 4)。

图 3 - 4

（5）补充标志

补充标志是对前述四种标志的补充说明或以防误解。补充标志分为提示标志的方向辅助标志和文字辅助标志两类,后者又分为分为横写和竖写两种。

①提示标志的方向辅助标志

提示标志提示目标的位置时要加方向辅助标志。按实际需要指示左向、右向或向上、向下。若指示左向,辅助标志应放在图形标志的左方;若指示右向,则应放在图形标志的右方(参见图 3 -5)。

图 3 – 5

②文字辅助标志

文字辅助标志的基本形式是矩形边框,分为横写和竖写两种。

横写时,文字辅助标志写在标志的下方,可以和标志连在一起,也可以分开。禁止标志、指令标志为白色字;警告标志为黑色字。禁止标志、指令标志衬底色为标志的颜色,警告标志衬底色为白色(参见图 3 – 6)。

图 3 – 6

竖写时,文字辅助标志写在标志杆的上部。禁止标志、警告标志、指令标志、提示标志均为白色衬底,黑色字。标志杆下部色带的颜色应和标志的颜色相一致(参见图3-7)。

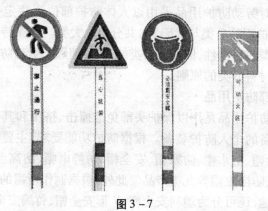

图3-7

3.使用安全标志的相关规定

安全标志在安全管理中的作用非常重要,作业场所或者有关设备、设施存在较大的危险因素,员工可能不清楚,或者常常忽视,如果不采取一定的措施加以提醒,这看似不大的问题,也可能造成严重的后果。因此,在有较大危险因素的生产经营场所或者有关设施、设备上设置明显的安全警示标志,以提醒、警告员工,使他们能时刻清醒认识到所处环境的危险,提高注意力,加强自身安全保护,对于避免事故发生将起到积极的作用。

二、劳动防护用品

劳动防护用品,是指在劳动过程中为保护劳动者的安全和健康,由用人单位提供的必需物品。使用劳动防护用品的目的是确保劳动者在生产过程中为免遭或减轻事故伤害、职业危害。使用劳动保护用品,通过采取阻隔、封闭、吸收、分散、悬浮等措施,能起到保护人体的局部或全部免受外来侵害的作用。在一定条件下,使用个人防护用品是主要的防护措施。

（一）劳动防护用品的分类

我国对劳动防护用品采用以人体防护部位为法定分类标准（《劳动防护用品分类与代码》），共分为九大类。既保持了劳动防护用品分类的科学性，同国际分类统一，又照顾了劳动防护用品防护功能和材料分类的原则。

1. 头部防护用品

头部防护用品是用以保护头部免遭撞击、挤压和其他伤害的护具而配备的个人防护装备。根据防护功能要求，主要有一般防护帽、防尘帽、防水帽、防寒帽、安全帽、防静电帽、防高温帽、防电磁辐射帽、防昆虫帽等九类产品。此外，根据制作所需的材料和一些特殊用途，还可分为塑料安全帽、V形安全帽、竹编安全帽、矿工安全帽等。

2. 呼吸器官防护用品

呼吸器官防护用品是为防御尘毒等有害物质吸入呼吸器官和伤害人体，或者直接向使用者提供氧气或清净空气的护具。呼吸器官防护用品按工作原理可分为过滤式和隔离式两大类；按防护功能又可分为防毒口罩、防毒面具、防尘口罩、氧（空）气呼吸器等。

3. 眼面部防护用品

眼面部防护用品是用以保护眼面部，防止物理、化学等外来有害因素（如烟雾、尘粒、金属火花和飞屑、热、电磁辐射、激光、化学飞溅物等）伤害眼脸的护具。眼面部防护用品种类很多，根据防护功能可分为防尘、防水、防酸、防风沙、防冲击、防高温、防强光、防电磁辐射、防射线、防化学飞溅等十类。目前我国普遍生产和使用的主要有焊接护目镜和面罩、炉窑护目镜和面罩以及防冲击眼护具三类。

4. 听觉器官防护用品

听觉器官防护用品是用以保护人耳，减少噪声对听觉及人体危害的护具。听觉器官防护用品主要有防噪音耳塞、护耳罩、噪音阻抗器三类。

5. 手部防护用品

手部防护用品是用以保护手部,防有害物质和能量伤害手部的护具。手部防护用品按照防护功能分为十二类,即一般防护手套、防水手套、防寒手套、防毒手套、防静电手套、防高温手套、防 X 射线手套、防酸碱手套、防油手套、防振手套、防切割手套、绝缘手套。每类手套按制作材料的不同还可分为棉纱、毛绒、皮革等手套。

6. 足部防护用品

足部防护用品是用以保护足部,防止各种有害物质和能量伤害足部的用具,通常称为劳动防护鞋。足部防护用品按照防护功能分为防尘鞋、防水鞋、防寒鞋、防足趾鞋、防静电鞋、防高温鞋、防酸碱鞋、防油鞋、防烫脚鞋、防滑鞋、防刺穿鞋、电绝缘鞋、防震鞋十三类,每类鞋根据材质不同又能分为许多种。

7. 躯干防护用品

躯干防护用品是用以保护人体,防止物理、化学和生物等有害因素伤害肌体的服装,即通常据说的防护服。根据防护功能,防护服分为一般防护服、防水服、防寒服、防砸背心、防毒服、阻燃服、防静电服、防高温服、防电磁辐射服、耐酸碱服、防油服、水上救生衣、防昆虫服、防风沙服十四类,每一类又可根据具体防护要求或材料分为不同品种。

8. 护肤用品

护肤用品是用以对外露皮肤的保护,防止有害物质对皮肤的污染和伤害的个体防护用品。按照防护功能,护肤用品分为防毒、防腐、防射线、防油漆及其他类。

9. 防坠落用品

防坠落用品是防止人体从高处坠落而受到伤害的防护用品,分为个体防护用品和整体防护用品。个体防护用品是通过绳带,将高处作业者的身体系接于固定物体上；整体防护用品是在作业场所的边沿下方张网，以防不慎坠落，主要有安全网和安全带两种。安全网是应用于高处作业场所边侧立装或下方平张的防坠落用品，用于防止和挡住人和物体坠落，使操作人员避免或减轻伤害的集体防护用品。根据安装形式和目的，分为立网和平网。安全带按使用方式，分为围杆安全带和悬挂、攀登安全带两类。

（二）劳动防护用品配备标准

为了指导用人单位合理配备、正确使用劳动防护用品，保护劳动者在生产过程中的安全和健康，确保安全生产，国家经贸委依据《中华人民共和国劳动法》，组织制定了《劳动防护用品配备标准（试行）》（以下简称《标准》），于2007年1月8日正式公布。其主要内容如下：

（1）用人单位应按《标准》要求提供必需的劳动防护用品，并指导、督促劳动者在作业时正确使用。

（2）用人单位应建立和健全劳动防护用品的采购、验收、保管、发放、使用、更换、报废等管理制度。安技部门应对购进的劳动防护用品进行验收。

（3）国家对特种劳动防护用品实施安全生产许可证制度。用人单位采购、发放和使用的特种劳动防护用品必须具有安全生产许可证、产品合格证和安全鉴定证。

（4）凡是从事多种作业或在多种劳动环境中作业的人员，应按其主要作业的工种和劳动环境配备劳动防护用品。如配备的劳动防护用品在从事其他工种作业时或在其他劳动环境中确实不能适用的，应另配或借用所需的其他劳动防护用品。

（5）防毒护具的发放应根据作业人员可能接触毒物的种类，准确地选择相应的滤毒罐（盒），每次使用前应仔细检查是否有效，并按国家标准规定，定时更换滤毒罐（盒）。

（6）用人单位应根据劳动者在作业中防割、磨、烧、烫、冻、电击、静电、腐蚀、浸水等伤害的实际需要，配备不同防护性能和材质的手套。

（7）用人单位可根据作业场所噪声的强度和频率，为作业人员配备《标准》规定的护听器（耳塞、耳罩和防噪声头盔等）。

（8）绝缘手套和绝缘鞋除按期更换外，还应做到每次使用前做绝缘性能的检查和每半年做一次绝缘性能复测。

（9）对眼部可能受铁屑等杂物飞溅伤害的工种，使用普通玻璃镜片受冲击后易碎，会引起佩戴者眼睛间接受伤，必须佩戴防冲击眼镜。

（10）生产管理、调度、保卫、安全检查以及实习、外来参观者等有关人员，应根据其经常进入的生产区域，配备相应的劳动防护用品。

（11）在生产设备受损或失效时，有毒有害气体可能泄漏的作业场所，除对作业人员配备常规劳动防护用品外，还应在现场醒目处放置必需的防毒护具，以备逃生、抢救时应急使用。用人单位还应有专人和专门措施，保护其处于良好待用状态。

（12）建筑、桥梁、船舶、工业安装等高处作业场所必须按规定架设安全网，作业人员根据不同的作业条件合理选用和佩带相应种类的安全带。

（13）考虑到一个工种在不同企业中可能会有不同的作业环境、不同的实际工作时间和不同的劳动强度，以及各省市气候环境、经济条件的差异，本标准对各工种规定的劳动防护用品配备种类是最低配备标准，对劳动防护用品的使用期限未作具体规定，由省级安全生产综合管理部门在制定本省的配备标准时，根据实际情况增发必需的劳动防护用品，并规定使用期限。

（14）对未列入本标准的工种，各省级安全生产综合管理部门在制定本省的配备标准时，应根据实际情况配备规定的劳动防护用品。

《标准》还列出了不同工种应配备的劳动防护用品及其标准（详见表3－1）。

表 3 - 1 　　　　　劳动防护用品及其标准表

序号	工种	工作服	工作帽	工作鞋	劳防手套	防寒服	雨衣	胶鞋	眼护具	防尘口罩	防毒护具	安全帽	安全带	护听器
1	加油站操作工	jd	jd	fz ny jd	√	jd	√	jd ny	1	1	1	1	1	1
2	机舱拆解工	√	√	fz cc	√	√	√	jf	cj	√	1	√	√	1
3	带锯工	√	√	fz	fg	√	√	√	cj	√	1	1	1	√
4	锻造工	zr	zr	fz	zr	√	1	1	hw cj	√	1	√	1	1
5	电镀工	sj	sj	sj fz	sj	√	1	sj	fy	√	1	√	1	1
6	喷砂工	√	√	fz	√	√	1	jf	cj	√	1	1	1	1
7	钳工	√	√	fz	√	√	1	1	cj	√	1	1	1	1
8	车工	√	√	fz	1	√	1	1	cj	1	1	1	1	1
9	油漆工	√	√	√	√	√	1	1	1	1	√	1	1	1
10	电工	√	√	fzjy	jy	√	1	1	1	1	1	√	√	1
11	电焊工	zr	zr	fz	√	√	1	1	hj	√	1	1	1	1
12	冷作工	√	√	fz	√	√	1	1	cj	√	1	√	1	1
13	电机(汽机)装配工	√	√	fz	√	√	1	1	1	1	1	1	1	1
14	制铅粉工		√	sj fz	sj	√	1	1	fy	√	1	√	1	1
15	电系操作工	√	√	jy fz	jy	√	√	jf jy	1	1	1	√	√	1
16	沥青加工工	√	√	fz	fs	√	1	jf	fy	√	1	√	1	1
17	石油气罐装工	jd	jd	jd fz	√	√	1	1	1	1	1	1	1	1
18	炉前工	zr	zr	fz	zr	√	1	1	hw	√	1	1	1	1
19	酸洗工	sj	sj	sj fz	sj	√	1	sj	fy	√	1	1	1	1
20	炼胶工	√	√	fz	√	√	1	1	jf	√	1	1	1	1
21	电光源导丝制造工	√	√	fz	√	1	1	1	√	1	1	1	1	1
22	油墨颜料制作工	√	√	ny fz	ny	√	1	1	1	1	√	1	1	1
23	塑料注塑工	√	√	fz	√	1	1	1	1	1	1	1	1	1
24	工具装配工	√	√	fz	√	√	1	11	√	1	1	1	1	1
25	汽车维修工	√	√	fz	√	√	1	1	fy	1	1	1	1	1
26	中小型机械操作工	√	√	fz	√	√	√	1	jf	1	√	1	√	1

续表 3-1

27	水泥制成工	√	√	fz	√	√	1	jf	fy	√	1	1	1	1
28	玻璃熔化工	zr	√	fz	zr	√	1	1	hw	√	1	1	1	1
29	玻璃切裁工	√	√	fz	fg	√	1	1	cj	√	1	1	1	1
30	玻璃钢压型工	√	√	fz		√	1	jf	1	√	1	1	1	1
31	合成药化学操作工	√	√	fz	√	√	1	jf	fy	√	1	1	1	1
32	电解工	sj	sj	sj fz	sj	√	1	1		√	1	1	1	1
33	配液工	sj	sj	sj	sj	√	1	1		√	1	1	1	1
34	挤压工	√	√	fz ny		√	1	1	cj	1	1	√	1	1
35	研磨工	√	√	fz		√	1	1		√	1	1	1	√
36	线材轧制工	√	√	fz		√	1	1		√	1	1	√	√
37	钨铜粉末制造工	√	√	fz		√	1	1		√	1	1	1	
38	光电线缆绞制工	√	√	fz		√	1	1		√	1	1	1	
39	化工操作工	sj	sj	sj fz	sj	√	1	1		√	1	1	1	1
40	超声探伤工	ff	ff	fz	fs	√	1	1	1	1	1	1	1	

注：(1)"√"表示该种类劳动防护用品必须配备；字母表示该种类必须配备的劳动保护用品还应具有附录"防护性能字母对照表"中规定的防护性能。(2)cc:防刺穿；cj:防冲击；fg:防割；ff:防辐射；fh:防寒；fs:防水；fy:防异物；fz:防砸(1～5)；hj:焊接护目；hw:防红外；jd:防静电；jf:胶面防砸；jy:绝缘；ny:耐油；sj:耐酸碱；zr:阻燃耐高温；zw:防紫外线。

三、机械安全

　　机械是现代生产和生活中必不可少的装备。机械在给人们带来高效、快捷和方便的同时，在其制造及运行、使用过程中，也会对人员造成一定的伤害。机械对人体造成的直接伤害主有：夹伤，撞伤，切、擦伤，轧伤，卷入伤害，飞出物伤害等。机械安全的任务是采取系统措施，在生产和使用机械的全过程中保障工作人员安全和健康，免受各种不安全因素的危害。

　　机械安全包括设计、制造、安装、调整、使用、维修、拆卸等各阶段的安全。作为操作人员,主要是指在安装、调整、使用、维修、拆卸这五个阶段的安全。

(一)机械设备的危险部位

机械操作人员首先应了解可能造成人体伤害的机械设备的危险部位,在实际操作中特别小心避免因这些危险部位可能造成的伤害。机械设备的主要危险部位如下:

(1)旋转部件和成切线运动部件间的咬合处,如动力传输皮带和皮带轮、链条和链轮、齿条和齿轮等。

(2)旋转的轴,包括连接器、心轴、卡盘、丝杠、圆形心轴和杆等。

(3)旋转的凸块和孔处。含有凸块或空洞的旋转部件是很危险的,如风扇叶、凸轮、飞轮等。

(4)对向旋转部件的咬合处,如齿轮、轧钢机、混合辊等。

(5)旋转部件和固定部件的咬合处,如辐条手轮或飞轮和机床床身、旋转搅拌机和无防护开口外壳搅拌装置等。

(6)接近类型,如锻锤的锤体、动力压力机的滑枕等。

(7)通过类型,如金属刨床的工作台及其床身、剪切机的刀刃等。

(8)单向滑动,如带锯边缘的齿、砂带磨光机的研磨颗粒、凸式运动带等。

(9)旋转部件与滑动之间的危险,如某些平板印刷机面上的机构、纺织机床等。

(二)机械事故伤害的主要原因和种类

弄清机械事故伤害的原因,有利于针对性地采取适当措施避免和减少伤害。机械事故伤害的主要原因和种类有以下几种:

(1)机械设备零、部件作旋转运动时造成的伤害。例如机械、设备中的齿轮、支带轮、滑轮、卡盘、轴、光杠、丝杠、供轴节等零、部件都是作旋转运动的。旋转运动造成人员伤害的主要形式是绞隽和物体打击伤。

(2)机械设备的零、部件作直线运动时造成的伤害。例如锻锤、冲床等的施压部件以及牛头刨床的床头、龙门刨床的床面和桥式吊车大、小车和升降机等,都是作直线运动的。作直线运力的零、部件造成的伤害事故主要有压伤、砸伤、挤伤。

(3)刀具造成的伤害。例如车床上的车刀、铣床上的铣刀、钻床上的钻头、磨床上的磨轮、锯床上的锯条等等都是加工零件用的刀具。刀具在加工零件时造成的伤害主要有烫伤、刺伤、割伤。

(4)被加工的零件造成的伤害。机械设备在对零件进行加工的过程中,有可能对人体造成伤害。这类伤害事故主要有:第一,被加工零件固定不牢甩出打伤人,例如车床卡盘夹不牢,在旋转时就会将工件甩出伤人。第二,被加工零件在吊运和装卸过程中,可能造成砸伤。

(5)电气系统造成的伤害。工厂里使用的机械设备,其动力绝大多数是电能,因此每台机械设备都有自己的电气系统。主要包括电动机、配电箱、开关、按钮、局部照明灯以及接零(地)和馈电导线等。电气系统对人的伤害主要是电击。

(6)手用工具造成的伤害。

(7)其他伤害。机械设备除去能造成上述各种伤害外,还可能造成其他一些伤害。例如有的机械设备在使用时伴随着发生强光、高温,还有的放出化学能、辐射能,以及尘毒危害物质等等,这些对人体都有可能造成伤害。

(三)机械设备安全装置

(1)固定安全装置。在可能的情况下,应该通过设计设置防止接触机器危险部件的固定安全装置。装置应能自动地满足机器运行的环境及过程条件。装置的有效性取决于其固定的方法和开口的尺寸,以及在其开启后距危险点应有的距离。安全装置应设计成只有用诸如改锥、扳手等专用工具才能拆卸的装置。

（2）连锁安全装置。连锁安全装置的基本原理：只有当安全装置关合时，机器才能运转；而只有当机器的危险部件停止运动时，安全装置才能开启。连锁安全装置可采取机械的、电气的、液压的、气动的或组合的形式。在设计连锁装置时，必须使其在发生任何故障时，都不使人员暴露在危险之中。

（3）控制安全装置。要求机器能迅速地停止运动，可以使用控制装置。控制装置的原理：只有当控制装置完全闭合时，机器才能开动；当操作者接通控制装置后，机器的运行程序才开始工作；如果控制装置断开，机器的运动就会迅速停止或者反转。通常，在一个控制系统中，控制装置在机器运转时不会锁定在闭合的状态。

（4）自动安全装置。自动安全装置的机制是把暴露在危险中的人体从危险区域中移开。它仅能使用在有足够的时间来完成这样的动作而不会导致伤害的环境下，因此，仅限于在低速运动的机器上采用。

（5）隔离安全装置。隔离安全装置是一种阻止身体的任何部分靠近危险区域的设施，例如固定的栅栏等。

（6）可调安全装置。在无法实现对危险区域进行隔离的情况下，可以使用部分可调的固定安全装置。这些安全装置可能起到的保护作用在很大程度上有赖于操作者的使用和对安全装置正确的调节以及合理的维护。

（7）自动调节安全装置。自动调节装置由于工件的运动而自动开启，当操作完毕后又回到关闭的状态。

（8）跳闸安全装置。跳闸安全装置的作用是，在操作到危险点之前，自动使机器停止或反向运动。该类装置依赖于敏感的跳闸机构，同时也有赖于机器能够迅速停止（使用刹车装置可能做到这一点）。

（9）双手控制安全装置。这种装置迫使操纵者要用两只手来操纵控制器。但是，它仅能对操作者而不能对其他有可能靠近危险区域的人提供保护。因此,还要设置能为所有的人提供保护的安全装置。当使用这类装置时,其两个控制之间应有适当的距离,而机器也应当在两个控制开关都开启后才能运转,而且控制系统需要在机器的每次停止运转后重新启动。

(四)机械设备的基本安全要求

(1)机械设备的布局要合理,应便于操作人员装卸工件、加工观察和清除杂物;同时也应便于维修人员的检查和维修。

(2)机械设备的零、部件的强度、刚度应符合安全要求,安装应牢固,不得经常发生故障。

(3)机械设备根据有关安全要求,必须装设合理、可靠、不影响操作的安全装置。例如:对于作旋转运动的零、部件应装设防护罩或防护挡板、防护栏杆等安全防护装置,以防发生绞伤;对于超压、超载、超温度、超时间、超行程等可能发生危险事故的零、部件,应装设保险装置,如超负荷限制器、行程限制器、安全阀、温度继电器、时间断电器等等,以便当危险情况发生时,由于保险装置的作用而排除险情,防止事故的发生;对于某些动作需要对人们进行警告或提醒注意时,应安设信号装置或警告牌等,如电铃、喇叭、蜂鸣器等声音信号,还有各种灯光信号、各种警告标志牌等都属于这类安全装置;对于某些动作顺序不能搞颠倒的零、部件应装设联锁装置,即某一动作必须在前一个动作完成之后才能进行,否则就不可能动作,这样就保证了不致因动作顺序搞错而发生事故。

(4)机械设备的电气装置必须符合电气安全的要求,主要有以下几点:第一,供电的导线必须正确安装,不得有任何破损或露铜的地方;第二,电机绝缘应良好,其接线板应有盖板防护,以防直接接触;第三,开关、按钮等应完好无损,其带电部分不得裸露在外;第四,应有良好的接地或接零装置,连接的导线要牢固,不得有断开的地方;第五,局部照明灯应使用36V的电压,禁止使用110V或220V电压。

（5）机械设备的操纵手柄以及脚踏开关等应符合如下要求：第一，重要的手柄应有可靠的定位及锁紧装置。同轴手柄应有明显的长短差别；第二，手轮在机动时能与转轴脱开，以防随轴转动打伤人员；第三，脚踏开关应有防护罩或藏入床身的凹入部分内，以免掉下的零、部件落到开关上，启动机械设备而伤人；第四，机械设备的作业现场要有良好的环境，即照度要适宜，湿度与温度要适中，噪声和振动要小，零件、工夹具等要摆放整齐，因为这样能促使操作者心情舒畅，专心无误地工作；第五，每台机械设备应根据其性能、操作顺序等制定出安全操作规程和检查、润滑、维护等制度，以便操作者遵守。

（五）机械设备操作人员基本安全守则

要保证机械设备不发生工伤事故，不仅要求机械设备在设计、制造、安装等过程必须符合安全要求，也应要求操作者严格遵守安全操作规程。不同的机械设备有不同安全操作规程，以下仅列出各种机械设备通用的基本安全守则。

（1）正确穿戴好个人防护用品。该穿戴的必须穿戴，不该穿戴的就一定不要穿戴。例如机械加工时要求女工戴护帽，如果不戴就可能将头发绞进去。同时要求不得戴手套，如果戴了，机械的旋转部分就可能将手套绞进去，将手绞伤。

（2）操作前要对机械设备进行安全检查，而且要空车运转一下，确认正常后，方可投入运行。

（3）机械设备在运行中也要按规定进行安全检查。特别是对紧固的物件看看是否由于振动而松动，以便重新紧固。

（4）设备严禁带故障运行，千万不能凑合使用，以防出事故。

（5）机械安全装置必须按规定正确使用，绝不能将其拆掉不使用。

（6）机械设备使用的刀具、工夹具以及加工的零件等一定要装卡牢固，不得松动。

（7）机械设备在运转时，严禁用手调整；也不得用手测量零件，或进行润滑、清扫杂物等。如必须进行时，则应首先关停机械设备。

（8）机械设备运转时，操作者不得离开工作岗位，以防发生问题时无人处置。

（9）工作结束后，应关闭开关，把刀具和工件从工作位置退出，并清理好工作场地，将零件、工夹具等摆放整齐，打扫好机械设备的卫生。

（六）主要工种机械设备操作人员安全生产规则

1.车工

（1）穿紧身防护服，袖口不要敞开；长发要戴防护帽；在操作时，不能戴围巾、手套，高速切削时要戴好防护眼镜。

（2）装卸卡盘及大的工、夹具时，床面要垫木板，不准开车装卸卡盘。在机床主轴上装卸卡盘要停机后进行，不可用电动机的力量来取卡盘。装卸工件后应立即取下扳手。禁止用手刹车。

（3）夹持工件的卡盘、拨盘、鸡心夹的凸出部分最好使用防护罩，以免绞住衣服或身体的其他部分，如无防护罩，操作时就注意离开，不要靠得太近。

（4）用顶尖装夹工件时，要注意顶尖与中心孔应完全一致，不能用破损或歪斜的顶尖，使用前应将顶尖、中心孔擦干净，后尾座顶尖要顶牢。

（5）车削细长工件时，为保证安全应采用中心架或跟刀架，长出车床部分应有标志。

（6）车削形状不规则的工件时，应装平衡块，并试转平衡后再切削。

（7）刀具装夹要牢靠，刀头伸出部分不要超出刀体高度的1.5倍，刀下垫片的形状、尺寸应与刀体形状、尺寸相一致，垫片应尽可能少而平。

（8）对切削下来的带状切屑、螺旋状长切屑，应用钩子及时清除，切忌用手拉。

（9）为防止崩碎切屑伤人，应在合适的位置上安装透明挡板。

（10）除车床上装有在运转中自动测量的量具外，均应停车测量工件，并将刀架移到安全位置。

（11）用砂布打磨工件表面时，要把刀具移到安全位置，并注意不要让手和衣服接触工件表面。

（12）磨内孔时，不可用手指支持砂布，应用木棍代替，同时车速不宜太快。

（13）禁止把工具、夹具、量具、工件或其他东西放在床头、小刀架、床面和主轴变速箱上。

（14）装卸工件要牢固，夹紧时可用接长套筒，禁止用榔头敲打，不准使用滑丝的卡爪。

（15）攻丝或套丝必须用专用工具，不准一手扶攻丝架（或扳牙架）一手开车。

（16）切大料时，应留有足够余量，卸下砸断，以免切断时料掉下伤人。小料切断时，不准用手接。

2. 铣工

（1）工作前，穿戴好劳保用品。例如：扣好衣服，扎好袖口。女工必须戴上安全帽，不准戴手套工作，以免被机床的旋转部分绞住，造成事故。

（2）未了解机床的性能和未得到实习指导人员的许可，不得擅自开动机床。

（3）起动机床前必须检查机床各转动部分的润滑情况是否良好，各运动部件是否受到阻碍，防护装置是否完好，机床上及其周围是否堆放有碍安全的物件。

（4）装夹刀具及工件时必须停车，必须装夹得牢固可靠。

（5）机床运转时不得调整速度（扳动变速手柄），如需调整铣削速度,应停车后再调整。

(6)机床运转时,操作者不允许离开机床。

(7)在开始切削时,铣刀必须缓慢地向工件进给,切不可有冲击现象,以免影响机床精度或损坏刀具刃口。

(8)加工工件要垫平、卡紧,以免工作过程中发生松脱造成事故。

(9)调整速度和变向,以及校正工件、工具时均需停车后进行。

(10)随时用毛刷清除床面上的切屑,清除铣刀上的切屑要停车进行。

(11)铣刀用钝后,应停车磨刃或换刀,停车前先退刀,当刀具未全部离开工件时,切勿停车。

(12)工作中必须经常检查机床各部分的润滑情况,发现异常现象应立即停车并向实习指导人员报告。

(13)工作完毕应随手关闭机床电源,必须整理工具并做好机床的清洁工作。

3. 刨床工

(1)开车前必须先检查刀架、刀排与床身是否会碰撞,上紧牛头定位螺丝防止导扎滑动发生撞击。

(2)工作台升降必须松动支架固定螺丝,工作时上紧,牛头运动长度不得超过规定范围,以免损坏摇臂、手轮,甚至牛头冲击伤人。龙门刨工作台变向装置的档铁应装牢防止滑下发生事故。

(3)开车时操作人员应站在工作台的侧面,不准站在机床正面,观看刨削情况,铁屑不能用手清除,一定要用刷子。

(4)工作台上不准堆放其他物件,工件上台要注意轻放,压卡牢固,压板垫铁要平稳牢固。

(5)工作时应注意工件卡具位置与刀架或刨刀的高度,防止发生碰撞,刀架螺丝要随时紧固,以防刀具突然脱落。工作中发现工件松动,必须立即停车,紧固后再进行加工,禁止边用手推着加工边进行紧固工作。

(6)刨刀要夹紧,工作前刀锋与工件之间应有一定的间隙,首次吃刀不要太深,以防碰坏刀刃或伤人。

(7)操作时不准站在牛头刨床的正前方,更不得在牛头刨床前面低头检查工作。

(8)调整好机床行程,拧紧控制行程的螺栓。

(9)在刨床台面的周围,装设一个直立的可以翻起的圆筒形防护挡板。

(10)将切屑打扫集中在特设的切屑器内,以免切削刺伤脚部。

(11)工作中如机床发生故障,应立即停车并及时报告领导,派机修工修理。

(12)工作完毕,应将工作台移至中心,切断总电源,做好清洁工作。

4.磨床工

(1)磨床通用规定

①安装新砂轮要求

a.仔细检查新砂轮,如有裂纹、伤痕严格禁止使用;

b.新砂轮应经过两次认真的静平衡,即安装前一次,装上主轴用金刚石修正后再拆下平衡一次;

c.新砂轮安装时,应在砂轮与法兰盘间衬入0.5~2毫米的纸垫,法兰盘螺钉应均匀拧紧,但不要过度压紧,以免压坏砂轮;

d.新砂轮安装好后,以工作转速进行不少于5分钟的空运转,确认安装正确,运转正常后方可工作。

②工作前检查要求

a.开车前必须检查工件的装置是否正确、紧固是否可靠、磁性吸盘是否正常,否则,不允许开车;

b.查看砂轮及砂轮罩应完好无崩裂,安装正确、紧固可靠,无砂轮罩的机床不准开动。

③工作中操作要求

a.开车前必须检查工件的装置是否正确,紧固是否可靠,磁性吸盘是否正常,否则,不允许开车;

b.每次起动砂轮前,应将液压开停伐放在停止位置,调整手柄放在最低速位置,砂轮座快速进给手柄放在后退位置,以免发生意外;

c.每次起动砂轮前,应先启动润滑泵或静压供油系统油泵,待砂轮主轴润滑正常,水银开关顶起或静压压力达到设计规定值,砂轮主轴浮起后,才能启动砂轮回转;

d.开车时应用手调方式使砂轮和工件之间留有适当的间隙,开始进刀量小,切削速度要慢些,防止砂轮因冷脆破裂,特别是冬天气温低时更要注意;

e.砂轮快速引进工件时,不准机动进给,不许进大刀,注意工件突出棱角部位,防止碰撞;

f.砂轮主轴温度超过60℃时必须停车,待温度恢复正常后再工作;

g.不准用磨床的砂轮当作普通的砂轮机一样磨东西;

h.测量工件或调整机床及清洁工作都应停车后再进行;

i.为防止砂轮破损时碎片伤人,磨床须装有防护罩,禁止用没有防护罩的砂轮进行磨削;

j.使用冷却液的机床,工作后应将冷却泵关掉,砂轮空转几分钟甩净冷却液后再停止砂轮回转。

(2)各种磨床操作规则

①无心磨床

a.托磨工件的支板和支板的安装位置,应能满足磨削工件要求,防止由于不恰当导致意外事故;

b.严禁磨削弯曲或表面未经机械加工的工件,工件加工余量不得超过0.3毫米；

　　c.当使用最大转速修正导轮时,应将挂轮脱开,防止打坏斜齿轮;当使用正常速度修正导轮时,应将斜齿轮脱开,挂轮要挂上。

　　②外圆磨床、端面磨床、曲轴和凸轮轴磨床

　　a.磨削开始前,应调正好砂轮与工件间的距离,以免砂轮座快速引进时砂轮与工件相碰;

　　b.工件的加工余量一般不准超过0.3毫米,不准磨削未经过机械加工的工件;

　　c.磨削表面有花键、键槽和扁圆的工件时,进刀量要小,磨削速度不能太快,防止发生撞击;

　　d.修正砂轮时,应将砂轮座快速引进后,再进行砂轮的修正工作。

　　③内圆磨床

　　开动砂轮前,须将换向的柄放在使砂轮离开工件的位置上,以免发生意外。

　　④平面磨床

　　a.工作前,须先接通磁力盘开关,检查磁力盘的吸力是否符合要求,检查磁力盘与砂轮启动的互锁装置应可靠好用;

　　b.安放工件时必须将磁力盘擦拭干净,磨高的或底面积较小的工件时必须加适当高度的挡块(一般以低于工件3~5毫米为宜)并用的扳动工件检查是否吸牢;

　　c.不准磨削薄的铁板,不准在无端面磨削结构的磨床上用砂轮端面磨削工件端面。

　　⑤花健轴磨床

　　工件安装好后,应检查分度和砂轮越出键槽两端长度是否符合要求,确认良好后方可工作。

　　⑥3A64工具磨床

　　工作前应根据砂轮直径选择砂轮转速:当砂轮直径大于100

毫米时,转速应为 3800 转/分钟;当砂轮直径小于 100 毫米时,转速应为 5700 转/分钟。

⑦铣刀盘刃磨床

铣刀盘安装好,砂轮对好刀盘刀刃后,空转一周,检查分度是否符合要求,确认无误后,方可工作。

⑧接刀刃磨床

a.磨和拉刀时,必须从中间磨起,中间磨完后,装上中心架,再磨其余齿;

b.磨削时,砂轮架的纵向移位应夹紧。

⑨圆锯片刃磨床

根据锯片齿数、齿高,调正好挂轮及砂轮行程后,应用手扳动皮带轮,检查砂轮与锯齿是否有碰撞现象。

⑩滚刀刃磨末

a.工作前,应先开动分度电机,检查分度是否符合要求;

b.滚刀等分要与分度板相同,挂轮要与挂轮表相符,导程尺要与滚刀导程相同,试磨后才能开始工作。

⑪MM50120 导轨磨床

a.经过静平衡的新砂轮尚需经过破击试验,试验时将转速提高超过额定转速的 25~50% 运转 15~20 分钟。

b.当机架油压平衡伐未打开前,不准手动或机动升降机架。

c.往复工作台油箱的存油量低于油标所示额定容量时不得开车,以免大量空气进入油路系统。

5.钻床工

(1)工作时必须戴护目镜,工作服穿戴整齐,袖口扎紧。头部不可离钻床太近,工作时必须戴帽子(女职工应将头发塞在帽子里),严禁戴手套操作,严禁用手清除铁屑。

(2)开机前检查各手柄是否在中间位置,向各润滑点加油,合上电源开关,起动电机慢速空转一段时间。

（3）根据工件厚度、孔径大小、工件材质，采用适当的转速和进刀量，最大钻孔直径和最大跨距不得超出钻床规定范围。

（4）工件必须牢固地卡在工作台上，严禁用手直接持工件钻孔，钻头夹牢；摇臂钻在拆卸工具时，不准将主轴套角伸出箱体过长，严禁打击主轴。

（5）变速及换自动走刀时，必须停机。

（6）孔快钻通时，停止自动进刀，用手动操作。

（7）操作时人不宜距主轴太近，以免头发和衣服被钻头卷入。

（8）工作时严禁离开工作岗位。运转中发现问题，应立即停车。学徒工操作时师傅不得离开。

（9）立式钻床严禁工作台在松开状态下进行工作，摇臂钻床严禁在主轴和立柱松开状态下进行操作。摇臂钻床移动摇臂时应注意，以防伤人。

（10）根据切削合理使用冷却液。

（11）工作完毕，将操作手柄放在中间位置，切断电源，整理工件，清理钻床，清洁场地，收拾工具。

6. 冲压工

（1）开始操作前，必须认真检查防护装置是否完好，冲床运转情况及各部位性能是否正常。例如设备及模具的主要紧固螺栓有无松动，模具有无裂纹，操纵机构、急停机构或自动停止装置、离合器、制动器是否正常。必要时，对大压床可开动点动开关试车，对小压床可用手扳试车，试车过程要注意手指安全。应把工作台上的一切不必要的物件清理干净，以防工作时振落到脚踏开关上，造成冲床突然启动而发生事故。

（2）装模具时，上模螺丝要固紧，下模压板要平稳固牢。导柱模时严禁将导柱与套筒脱离。校模时必须停车。较好后，先开空车数转，方可试冲。

（3）冲床开动后，思想要高度集中，不准一边操作一边与他人谈话。严禁将手伸进模具工作部位,小零件要用镊子送取。脚踏开关后,必须立即松开,确保安全。工作中严禁一人操作一人送取料。工量具不准放在床面上,以免掉落到踏脚板上发生冲切和损坏机床事故。

(4)冲小工件时,不得用手,应该有专用工具,最好安装自动送料装置。

(5)操作者对脚踏开关的控制必须小心谨慎,装卸工件时,脚应离开脚踏开关。严禁外人在脚踏开关的周围停留。

(6)如果工件卡在模子里,应用专用工具取出,不准用手拿,并应将脚从脚踏板上移开。

(7)发现连冲等故障时,应先排除故障,然后方可进行工作。

(8)在排除故障或修理时,必须切断电源、气源,待机床完全停止运动后方可进行。

(9)每冲完一个工件,手或脚必须离开按钮或踏板,以防止误操作。严禁用压住按钮或脚踏板的办法,使电路常开,进行连车操作。

(10)操作中应站稳或坐好。他人联系工作应先停车,再接待。无关人员不许靠近冲床或操作者。

(11)生产中坯料及工件堆要稳妥、整齐、不超高,冲压床工作台上禁止堆放坯料或其他物件,废料应及时清理。

(12)工作完毕,应将模具落靠,切断电源、气源,并认真收拾所用工具和清理现场。

(13)应定期检查冲床油路和电气安全情况,保证冲床处于良好状态。

7. 钳工

(1)工作前应严格检查工具是否完整、可靠,工作单位的安全设施是否齐备、牢固。

(2)用手锯锯割工件时,锯条应适当拉紧,以免锯条折断伤人。

（3）使用的各种錾头不能淬火且不能用锤直接打击工件,应用木或软金属垫着打击。

（4）使用大锤、手锤时应检查锤头是否牢固,打锤时不准戴手套。使用大锤时,必须注意前后、左右、上下的环境情况,在大锤运动范围内严禁站人。不允许使用大锤打小锤,也不允许使用小锤打大锤。

（5）使用手持电动工具时,应检查是否有漏电现象,工作时应接上漏电开关,并且注意保护导电软线,避免发生触电事故,使用电钻时严禁戴手套工作。

（6）不准将手伸入两件工件连接的通孔,以防工件移位挤伤手指。

（7）设备试机前,必须详细检查各转动部件、电器部件是否符合安装要求,并对在场人员发出警示,然后按说明书要求进行试机。

（8）电器设备故障修理必须找维修电工,不准擅自将插座、插头拆卸不用,不准直接将电线插入插座内使用。

（9）登高作业要先检查梯子是否结实,拴好安全带,工具材料不准直接放在人字梯等可移动的设施上,以免堕物伤人。

（10）工作场地要清洁、整齐,拆卸零件要存放好,搞好文明生产。

8. 金属热加工

金属热加工车间的生产特点是生产工序多,起重运输量大,在生产过程中易产生高温、有毒气体和粉尘,使劳动环境恶化,因此容易发生工伤事故。所以,金属热加工车间必须采取一些有效的安全措施:

（1）精选炉料,防止混入爆炸物,投入的物料必须充分干燥;添加的合金要进行预热。

（2）金属熔液出炉时，应采用电动、气动或液压式堵眼机构或旋转式前炉。

（3）地坑要采取严格措施，严防地下水及地上水渗入。

（4）熔融金属的容器，必须符合制造质量标准；浇包内金属液不能过满。

（5）锻锤应采用操作机或机械手操纵，防止热锻件氧化皮等飞出伤人；操作人员与气锤司机座前应设置隔离防护罩，防止烫伤并隔热。

（6）工具与工件在放进热处理盐炉前，必须经过预热，淬火油池周围应设栏杆或防护罩。

（7）电焊作业地点应予隔离或设置适当的屏蔽，屏蔽材料不宜采用金属表面。

另外，车间应有安全通道，地面要平坦而不滑，并保证畅通。车间应有足够的采光照度，厂房设计要适合机械通风与自然通风。在不影响生产与运输的前提下，各工序各岗位应尽可能做到相互隔离；对易产生不安全因素的设备，必要时也应隔离，设置安全栏杆或护网。金属热加工车间的工人必须配备安全帽、防护眼镜、防护鞋等必要的防护用具。

9. 炼钢工

（1）一般要求

① 新工人进厂，应首先接受厂、车间、班组三级安全教育，经考试合格后由熟练工人带领工作，直到熟悉本工种操作技术并经考核合格，方可独立工作。

②调换工种和脱岗三个月以上重新上岗的人员，应事先进行岗位安全培训，并经考核合格方可上岗。外来参观或学习的人员，应接受必要的安全教育，并应由专人带领。

③特种作业人员和要害岗位、重要设备与设施的作业人员，均应经过专门的安全教育和培训，并经考核合格、取得操作资格证，

方可上岗。

④禁止把潮湿原料、报废武器等作为废钢加入炉内,以免引起爆炸。钢液、红渣也不得倒入潮湿的盛钢桶、钢渣包或潮湿的地上。

⑤为防止熔炼中引起喷溅爆炸事故,注意不要加入过量的氧化剂,不要剧烈搅动钢液。

⑥钢液包不要盛装太满,行车吊运时要严格遵守操作规程,严防发生翻包事故。

⑦发现漏炉、漏包、循环水中断或炉内漏水,要立即采取相应的安全措施。

⑨必须穿戴劳动防护用品,不戴劳动防护用具者不得上岗操作。

(2)氧气转炉

①炉前、炉后平台不应堆放障碍物。转炉炉帽、炉壳、溜渣板和炉下挡渣板、基础墙上的粘渣,应经常清理,确保其厚度不超过0.1m。

②应超过料槽上口。转炉留渣操作时,应采取措施防止喷渣。

③兑铁水用的起重机,吊运重罐铁水之前应验证制动器是否可靠;不应在兑铁水作业开始之前先挂上倾翻铁水罐的小钩;兑铁水时炉口不应上倾,人员应处于安全位置,以防铁水罐脱钩伤人。

④新炉、停炉进行维修后开炉及停吹8小时后的转炉,开始生产前均应按新炉开炉的要求进行准备,应认真检验各系统设备与联锁装置、仪表、介质参数是否符合工作要求,出现异常应及时处理。若需烘炉,应严格执行烘炉操作规程。

⑤炉下钢水罐车及渣车轨道区域(包括漏钢坑)不应有水和堆积物。转炉生产期间需到炉下区域作业时,应通知转炉控制室停止吹炼,并不得倾动转炉。无关人员不应在炉下通行或停留。

⑥转炉吹氧期间发生以下情况,应及时提枪停吹:氧枪冷却水

流量、氧压低于规定值,出水温度高于规定值,氧枪漏水,水冷炉口、烟罩和加料溜槽口等水冷件漏水,停电。

⑦吹炼期间发现冷却水漏入炉内,应立即停吹,并切断漏水件的水源;转炉应停在原始位置不动,待确认漏入的冷却水完全蒸发,方可动炉。

⑧转炉修炉停炉时,各传动系统应断电,氧气、煤气、氮气管道应堵盲板隔离,煤气、重油管道应用蒸汽(或氮气)吹扫;更换吹氧管时,应预先检查氧气管道,如有油污,应清洗并脱脂干净方可使用。

⑨安装转炉小炉底时,接缝处泥料应铺垫均匀,炉底车顶紧力应足够,均匀挤出接缝处泥料;应认真检查接缝质量是否可靠,否则应予处理。

⑩倾动转炉时,操作人员应检查确认各相关系统与设备无误,并遵守下列规定:第一,测温取样倒炉时,不应快速摇炉;第二,倾动机械出现故障时,不应强行摇炉。

⑪倒炉测温取样和出钢时,人员应避免正对炉口;采用氧气烧出钢口时,手不应握在胶管接口处。

⑫火源不应接近氧气阀门站。进入氧气阀门站不应穿钉鞋。油污或其他易燃物不应接触氧气阀及管道。

⑬有窒息性气体的底吹阀门站,应加强检查,发现泄漏及时处理。进入阀门站应预先打开门窗与排风扇,确认安全后方可入内,维修设备时应始终打开门窗与排风扇。

(3)电炉

①电炉开炉前应认真检查,确保各机械设备及联锁装置处于正常的待机状态,各种介质处于设计要求的参数范围,各水冷元件供排水无异常现象,供电系统与电控正常,工作平台整洁有序无杂物。

②电极通电应建立联系确认制度,先发信号,然后送电;引弧应采用自动控制,防止短路送电。

③竖炉第一料篮下部的废钢,单块重量应不大于400公斤;待加料的废钢料篮吊往电炉之前,不应挂小钩,废钢料篮下不应有人。

④电炉吹氧喷碳粉作业,应加强监控。当泡沫渣升至规定高度时,应停止喷碳粉。水冷氧枪应设置极限位,以确保氧枪与钢液面的安全距离。

⑤氧燃烧嘴开启时应先供燃料,点火后再供氧;关闭时应先停止供氧,再停止供燃料。

⑥炉前热泼渣操作,应防止洒水过多,以避免积水产生事故。

⑦电炉通电冶炼或出钢期间,人员应处于安全位置,不应登上炉顶维护平台,不应在短网下和炉下区域通行。

⑧电炉冶炼期间发生冷却水漏入熔池时,应断电、升起电极,停止冶炼、炉底搅拌和吹氧.关闭烧嘴,并立即处理漏水的水冷件,不应动炉。直至漏入炉内的水蒸发完毕,方可恢复冶炼。

⑨正常生产过程中,应经常清除炉前平台流渣口和出钢区周围构筑物上的粘结物。粘结物厚度应不超过0.1米,以防坠落伤人。

⑩电炉炉下区域、炉下出钢线与渣线地面,应保持干燥,不应有水或潮湿物。

⑪电炉加料(包括铁水热装和吊铁水罐)、吊运炉底、吊运电极,应有专人指挥。吊物不应从人员和设备上方越过,人员应处于安全位置。

⑫维修炉底出钢口的作业人员与电炉主控人员之间,应建立联系与确认制度。

(4)炉外精炼

①精炼炉工作之前,应认真检查,确保设备处于良好待机状态、各介质参数符合要求。

②应控制炼钢炉出钢量,防止炉外精炼时发生溢钢事故。

③应做好精炼钢包上口的维护,防止包口粘结物过多。

④氧气底吹搅拌装置应根据工艺要求调节搅拌强度,防止溢钢。

⑤炉外精炼区域与钢水罐运行区域,地坪不得有水或潮湿物品。

⑥精炼过程中发生漏水事故,应立即终止精炼,若冷却水漏入钢包,应立即切断漏水件的水源,钢包应静止不动,人员撤离危险区域,待钢液面上的水蒸发完毕方可动包。

⑦精炼期间,人员不得在钢包周围行走和停留。

⑧RH 或 RH - KTB 新的或修补后的插入管,应经烘烤干燥方可使用;VD、VOD、RH 或 RH - KTB 真空罐新砌耐火材料以及喷粉用喷枪,应予干燥。在 VD、VOD 真空罐内清渣或修理衬砖,应采取临时通风措施,以防缺氧。

⑨LF 通电精炼时,人员不应在短网下通行,工作平台上的操作人员不应触摸钢包盖及以上设备,也不应触碰导电体。人工测温取样时应断电。RH、RH - KTB 采用石墨棒电阻加热真空罐期间,人员不应进入真空罐平台。

⑩RH、RH - KTB 的插入管与 CAS - OB、IR - UT 的浸渍罩下方,不应有人员通行与停留;精炼期间,人员应处于安全位置。

⑪AOD 的配气站,应加强检查,发现泄漏及时处理。人员进入配气站应预先开启门窗与通风设施,确认安全后方可入内,维修时应始终开启门窗与通风设施。

⑫吊运满包钢水或红热电极,应有专人指挥;吊放钢包应检查确认挂钩,脱钩可靠,方可通知司机起吊。

⑬潮湿材料不应加入精炼钢包;人工往精炼钢包投加合金与粉料时,应防止液渣飞溅或火焰外喷伤人。精炼炉周围不应堆放易燃物品。

⑭喷粉管道发生堵塞时,应立即关闭下料阀,并在保持引喷气

流的情况下,逐段敲击管道,以消除堵塞;若需拆检,应先将系统泄压。

⑮喂丝线卷放置区,宜设置安全护栏;从线卷至喂丝机,凡线转向运动处,应设置必要的安全导向结构,确保喂丝工作时人员安全;向钢水喂丝时,线卷周围5米以内不应有人。

10. 浇铸工

(1)浇注钢锭或铸钢件前,应对浇注场地仔细检查,排除事故隐患,并对盛钢桶作检查。如果机械有故障,内衬烧损超过规定厚度,或塞头砖与注口砖吻合不良时,应停止使用。

(2)浇铸场所及地坑必须保持干燥,不得有水,以免铁液飞溅伤人。

(3)各种工具、吊具及废钢、垃圾,不准任意堆放和堵塞通道,应及时运走或放到指定位置。

(4)所使用的工具如火钳、火棒、钩子等均应预热。

(5)检查锭模内壁或盛钢桶时,必须使用36伏的安全电压行灯,盛钢桶吊至出钢槽下后,不准进入桶内工作。如需检查,必须将盛钢桶吊离出钢槽位置。

(6)行车吊运钢锭、锭模、冒口、中注管、铸件及盛钢桶时,必须挂稳固牢,按照行车工、起重工安全规程操作。特大物件及满载的盛钢桶吊运时,必须前后各设一人监护,并由两人配合指挥。禁止一切人接近吊物或在吊物下停留、通过。吊挂所用链条、钢丝绳须仔细检查,防止断裂事故。

(7)浇注钢锭一般应在浇注坑内进行,6吨以上钢锭或铸件的浇注不准在地面进行。

(8)出钢时注意不要让钢水冲击塞杆和桶壁,钢水不要装得过满(不超过桶深的7/8)。禁止任何人员站立在盛钢桶台架附近或出钢槽的对面,以免发生烧伤事故。

(9)浇铸时不准正面看冒口,及时引气,防止型内瓦斯爆炸。

（10）浇钢时，与浇注工作无关的人员禁止站在正在浇注的地坑附近。盛钢桶的注口砖未对准中注管时，不得开启塞杆。底盘或中注管发生跑钢时，要使用铁沫子堵塞，不准使用稀泥浆，以免发生爆炸。

（11）注完钢水后，盛钢桶内的残钢熔渣应缓慢倒在干燥的废锭模和渣罐内，此时所有人员都应远离渣罐，严防渣子飞起伤人。

（12）浇注过程中，如遇塞杆关不住而钢水四溅时，必须由一人正确地指挥行车，其余人员应迅速避开。

（13）炉下正在放渣或渣罐盛满熔渣时，禁止任何人在渣罐旁站立或行走。

（14）禁止在烘烤炉前休息和取暖，以防台车移动、炉门塌落、天然气爆炸造成伤害。

（15）当浇注坑中有人工作时，禁止用行车在地坑上面吊运物件。

（16）用氧气烧割盛钢桶水口用的钢管，长度最短不得小于2米。氧气瓶应离开盛钢桶或浇注地点10米以外存放。使用的软管，钢管不准漏气，必须联接好。开氧气瓶时，不准用油手或带油的东西碰触氧气瓶嘴和阀门软管。氧气瓶不准用行车吊运。

（17）出钢后，当盛钢桶上部往外流渣时，不得进行浇钢，必须等渣停止外流时，再开始浇钢。

（18）经常检查铸锭坑的边缘是否保持良好，发现地坑边缘上的钢板坏掉时，应及时修理更换。

（19）禁止将尚未凝固的钢锭或铸件从模中拔出起吊。

（20）使用工具必须干燥，发现潮湿不准使用。未经烤干的盛钢桶、中注管、塞杆不准使用。开始浇注前，必须将盛钢桶上的残渣打掉，方能进行浇注。

（21）往酸性炉对液体半成品时，盛钢桶或平台后两侧不准有人站立。

（22）往电动平车上放中注管、钢锭、模子、渣罐、盛钢桶等物件，必须放平稳，以免倾落伤人。

11. 锻工

（1）开动设备前，应检查操纵装置、接地装置、隔热装置、离合器、工具或锻件传送装置等是否完好、可靠，气压是否正常，方可开锤。

（2）在检查、修理、调整时，应在锤与砧之间垫上结实的木块。

（3）冬季应预热锤头、锤杆和胎模，以防断裂伤人。

（4）工作中应经常检查设备和工具上受冲击力部位有无损伤、松动或裂纹，发现问题应及时修理。

（5）传送锻件时，不得投掷，不准横跨传送带或自动线递送工具或坯料。大锻件必须用钳夹牢，用行车吊运。

（6）在砧子上取送模具、冲头、垫铁等，必须使用夹钳，严禁用手。

（7）锻工应听从掌钳者的指挥，指挥信号要明确，握钳把时，不得将手指放在两钳把之间，更不准将钳把对着身体，而应置于身体的侧面，以防造成事故。

（8）锤头未停前，头、手不得伸入锤下，不准用手或脚直接清除氧化皮，也不得锻打冷料或过烧的坯料，以防飞出伤人。

（9）手工操作时，打大锤要互相配合好，严禁在打大锤者背后2~5米内行走或工作。

（10）配合行车作业时，应站在安全位置，严禁在吊物下站立或通过。

（11）切断金属坯料时，要注意轻击，防止切断的料头飞出伤人。掌钳者的钳柄不可正对腹部。

（12）汽锤开动时，不准打空锤，不准测量工作物的尺寸，不准人体的任何部位进入锤头行程之内。检查或修理时，必须将锤头固定。注意加热炉附近不允许存放易燃物品。

（13）锻件应堆放在指定地方，且不得摆放超高，离锻造操作机运行及热锻件运送范围1米以内禁止堆放物件和站人。严禁将易燃、易爆物件放在加热炉或热锻件近旁。

（14）工作完毕后,应平稳地放下锤头,关闭动力开关,整理现场,清除废料。

12.焊工

在焊接过程中,焊工要经常接触易燃、易爆气体,有时要在高空、水下、狭小空间进行工作;焊接时产生有毒气体、有害粉尘、弧光辐射、噪声、高频电磁场等都对人体造成伤害。焊接现场有可能发生爆炸、火灾、烫伤、中毒、触电和高空坠落等工伤事故。焊工在作业中也可能受到各种伤害,引起血液、眼、皮肤、肺等职业病。因此,焊工在操作时应遵守以下安全规则:

（1）焊接场地禁止放易燃易爆物品,应备有消防器材,保证足够的照明和良好的通风。

（2）在操作场地10米内,不应储存油类或其他易燃易爆物品（包括有易燃易爆气体产生的器皿管线）。临时工地若有此类物品,而又必须在此操作时,应通知消防部门和安技部门到现场检查,采取临时性安全措施后方可进行操作。

（3）工作前必须穿戴好防护用品。操作时（包括打渣）所有工作人员必须戴好防护眼镜或面罩。仰面焊接应扣紧衣领,扎紧袖口,戴好防火帽。

（4）在缺氧危险作业场所及有易燃、易爆挥发物、气体的环境,设备、容器应经事先置换、通风,并经监测合格。

（5）对压力容器、密封容器、爆料容器、管道的焊接,必须事先泄压、敞开,置换清洗除掉有毒有害物质后再施焊。潮湿环境,容器内作业还应采取相应电气隔离或绝缘等措施,并设人监护。

（6）在焊接、切割密闭空心工件时,必须留有出气孔。在容器内焊接,外面必须设人监护,并有良好的通风措施,照明电压应为12伏。禁止在已做油漆或喷涂过塑料的容器内焊接。

（7）电焊机接零（地）线及电焊工作回线都不准搭在易燃、易爆的物品上，也不准接在管道和机床设备上。工作回路线应绝缘良好，机壳接地必须符合安全规定。一次回路应独立或隔离。

（8）电焊机的屏护装置必须完善（包括一次侧、二次侧接线），电焊钳把与导线连接处不得裸露。二次线接头应牢固。2 米及其以上的高处作业，应遵守高处作业的安全规程。作业时不准将工作回路线缠在身上。高处作业应设人监护。

（9）遵守《气瓶安全监察规程》有关规定，如不得擅自更改气瓶的钢印和颜色标记，严禁用温度超过 40℃ 的热源对气瓶加热，瓶内气体不得用尽，必须留有剩余压力，永久气体气瓶的剩余压力应不小于 0.05 兆帕，液化气体气瓶应留有 0.5～1.0% 规定充装量的剩余气体。气瓶立放时应采取防止倾倒措施。

（10）工作完毕，应检查焊接工作地的情况（包括相关的二次回路部分），无异常状况，然后切断电源，灭绝火种。

四、电气安全

随着科学技术的发展，电能已成为工农业生产和人民生活不可缺少的重要能源之一，电气设备的应用也日益广泛，人们接触电气设备的机会随之增多。如果没有安全用电知识，就很容易发生触电、火灾、爆炸等电气事故，以至影响生产，危及生命。电气安全教育是为了使工作人员懂得电的基本知识，认识安全用电的重要性，掌握安全用电的基本方法，从而能安全地、有效地进行工作。电气安全是以安全为目标，以电气为领域的应用科学。这门科学是与电相关联的，而不是仅仅与用电或电器相关联的，因此，电气安全包含了用电安全和电器安全。发生电气事故的主要原因有以下几种：人员缺乏基本的电气安全知识，人员冒险违章作业，设备维护、保养不良，设备制造有缺陷等。作为普通职工，主要是掌握基本的电气知识和遵守电气操作规程来避免事故发生。

　　电气事故按不同的标准有不同的划分,常见的是按事故的基本原因进行分类,主要有以下几类:

(一)触电事故

　　触电事故是人身触及带电体(或过分接近高压带电体)时,由于电流流过人体而造成的人身伤害事故。

1.触电事故的种类

　　触电事故按其造成的伤害可分为两种:

　　(1)电击。电击是最危险的触电事故,大多数触电死亡事故都是电击造成的。当人直接接触了带电体,电流通过人体,使肌肉发生麻木、抽动,如不能立刻脱离电源,将使人体神经中枢受到伤害,引起呼吸困难,心脏麻痹,以致死亡。

　　(2)电伤。电伤是电流的热应、化学效应或机械效应对人体造成的伤害。由电流热效应造成的伤害为灼伤或烫伤;由电流的物理或化学效应造成的伤害为电烙印、皮肤金属化、机械损伤和电光眼等,电伤的特征之一是能在人体表面留下明显的伤痕,其中电弧烧伤最为常见,也最为严重,可使人致残或致命。

　　按引起触电的原因,触电事故可分为:

　　(1)人直接与带电体接触触电事故。这又可分为单相触电和两相触电。单相触电是指人体在地面或其他接地导体上,人体某一部分触及一相带电体而发生的事故。两相触电是指人体两处同时触及两带电体而发生的事故,其危险性较大。此类事故约占全部触电事故的40%以上。

　　(2)与绝缘损坏电气设备接触的触电事故。正常情况下,电气设备的金属外壳是不带电的,当绝缘损坏而漏电时,触及到这些外壳,就会发生触电事故,触电情况和接触带电体一样。此类事故占全部触电事故的50%以上。

　　(3)跨步电压触电事故。当带电体接地有电流流入地下时,电流在接地点周围产生电压降,人在接地点周围两脚之间出现电压降,即造成跨步电压触电。

2. 触电的途径和触电事故的规律

触电的途径是:电源→人体任何部分→大地,根据电流通过的方式,上述三部分只要有一环离开就不会造成触电。即是说身体不接触电源就不会触电;身体不与大地接触(使用绝缘工具如绝缘手套或鞋)也不会触电。

触电事故具有以下规律:

(1)具有明显的季节性。每年的 6~9 月是触电事故的多发季节,这是由于这段时间多雨、潮湿,电气设备绝缘性能降低,同时由于天气炎热,人身衣单而多汗,增加了触电的可能性。

(2)低压设备触电事故多。这是由于低压电网分布广,低压设备多而且比较简陋,管理不善,人们接触的机会多所致。

(3)中青年和非电工触电事故多。这些人电气安全知识不足,技术不成熟,易发生触电事故。

(4)便携式和移动式设备触电事故多。这是因为该类设备需要经常移动,工作条件较差,容易发生故障。

(5)冶金、矿山、建筑、机械行业触电事故多。这几个行业工作现场比较混乱,温度高,湿度大,移动式设备多,临时线路多,难以管理。掌握以上规律,有助于我们采取相应措施,避免和减少触电事故的发生。

3. 防范触电事故的一般安全措施

(1)没有电气知识或一知半解的人,不应随便接触使用中有问题的电器。因为对电器的一知半解,缺乏危险意识而引致意外触电,实际事例是最多的,应引起警惕。

(2)不要用手接触使用中的电器金属外壳。

(3)不要用湿的手去开关电器或电源的开关。

(4)当电器或电线漏电起火时,切勿用水去扑灭。只可用厚的衣被盖住,令火熄灭。

（5）任何电器必须安装地线，即使用三极插头或插座。

（6）任何电源必须安装漏电保护装置。

（7）带金属外壳的电器，外壳必须接地线。

（二）雷电事故

雷电是大气电，雷击是大气中的电能造成的。雷击是一种自然灾害，它除了可以毁坏设备和设施外，也可以伤及人和畜，还可能引起火灾和爆炸。

1. 雷电的种类

雷电主要有以下三类：

（1）直击雷。直击雷是带电积云接近地面至一定程度时，与地面目标之间的强烈放电。直击雷的每次放电含有先导放电、主放电、余光三个阶段。大约50%的直击雷有重复放电特征。每次雷击有三、四个冲击至数十个冲击。

（2）感应雷。感应雷也称作雷电感应，分为静电感应雷和电磁感应雷。静电感应雷是由于带电积云在架空线路导线或其他导电凸出物顶部感应出大量电荷，在带电积云与其他客体放电后，感应电荷失去束缚，以大电流、高电压冲击波的形式，沿线路导线或导电凸出物的传播。电磁感应雷是由于雷电放电时，巨大的冲击雷电流在周围空间产生迅速变化的强磁场在邻近的导体上产生的很高的感应电动势。

（3）球雷。球雷是雷电放电时形成的发红光、橙光、白光或其他颜色光的火球。从电学角度考虑，球雷应当是一团处在特殊状态下的带电气体。此外，由架空线路引入高电位也可能造成雷击事故，这是因为架空线路在直接雷击或在附近落雷而感应过电压时，如不设法在路途使大量电荷流散入地，就会沿架空线路引进屋内，造成房屋损坏或电气设备绝缘击穿等现象。

2. 防雷设备

常见的防雷设备有：

（1）避雷器。包括管型避雷器、阀型避雷器和氧化锌避雷器等，用于电气设备防雷。当线路受雷击时，避雷器间隙被击穿，将雷电引入大地，这时进入被保护设备的电压仅为雷电波通过避雷器及其引线和接地装置产生的"残压"。雷电流通过以后，避雷器间隙又恢复绝缘状态，系统仍可正常运行。

（2）避雷针。建筑物和一般设备防雷使用避雷针。当遇到直接雷击时，避雷针能够安全地将雷电流引入大地，保护建筑物和设备。

3. 雷电事故的人身防护措施

雷电事故的人身防护措施主要有以下几种：

（1）雷暴时，应尽量减少在户外或野外逗留；在户外或野外最好穿塑料等不浸水的雨衣；如有条件，可进入有宽大金属构架或有防雷设施的建筑物、汽车、船只等。

（2）雷暴时，应尽量离开小山、小丘、隆起的小道，应尽量离开海滨、湖滨、河边、池塘旁，应尽量避开铁丝网、金属晒衣绳以及旗杆、烟囱、宝塔、孤独的树木附近，还应尽量离开没有防雷保护的小建筑物或其他设施。

（3）雷暴时，在户内应离开照明线、动力线、电话线、广播线、收音机和电视机电源线、收音机和电视机天线以及与其相连的各种金属设备。

（4）雷雨天气. 应注意关闭门窗。

（三）静电事故

1. 静电的危害

静电是指分布在电介质表面或体积内，以及在绝缘导体表面处于静止状态的电荷。静电现象是一种常见的带电现象，在工业生产中也较为普遍。静电电压可能高达数千伏甚至上百千伏，而电流和总能量很小，故当电阻小于 $1M\Omega$ 时就可能发生静电短路而泄放静电能量。静电放电的最大威胁是引起火灾或爆炸事故，是造成人员工伤的原因之一。

2. 静电防护措施

防止静电危害的主要措施就是接地。为防止静电火花引起事故，凡是用来加工、贮存、运输各种易燃气、液、粉体的设备金属管、非导电材料管都必须接地。管道和设备连成连续的电气通路并且一点或多点接地。金属法兰两边应设跨接线。容积大于 50 立方米和直径大于 2.5 米的贮罐应多点接地，并应沿设备外围均匀布置，其间距不应大于 30 米。铁路油罐车在灌注油液的时间内，栈桥、油罐车和铁轨之间应有良好的电气连接并可靠接地。油罐车、油船在灌注或排放可燃性液体和液化气时同样应接地。当润滑油的电阻大于 106Ω 时，设备的旋转部分必须接地；否则应采用接触电刷或导电润滑剂。移动的导电容器或器具应接地。导电地板、导电工作台必须采用可挠的铜线将其直接接地。在有可能发生静电危害的房间里，工作人员应穿导静电鞋，穿防静电服，腕部戴接地环，这些特殊场所的门把手和门闩也应接地。

（四）电磁场事故

电磁场伤害事故是由电磁波的能量造成的。在高频电磁场的作用下，人体因吸收辐射能量，各器官会受到不同程度的伤害，从而引起各种疾病。除高频电磁场外，超高压的高强度工频电磁场也会对人体造成一定的伤害。电磁辐射对人体的危害主要表现在它对人体神经系统的不良作用，其主要症状是神经衰弱，具体表现为头昏脑胀、无精打采、失眠多梦、疲劳无力，以及记忆力减退和情绪沮丧等，有时还有头痛眼胀、四肢酸痛、食欲不振、脱发、多汗、体重下降等现象。人经常连续长时间看电视或计算机屏幕，尤其是在人的眼和耳疲劳后，为了看清楚而在更近的距离上观看时，常会在第二天或一段时间里出现上述部分感觉或症状。电磁场辐射除可能伤害人体外，还可能经过感应和能量传递引起电引爆线路和电引爆器件误动作，酿成灾害性爆炸。电磁场对人的伤害取决于其辐射强度和累计剂量。世界卫生组织已将 0 ~ 300Hz 的低频磁场列为可疑致癌物。对电场危害的防护是采取屏蔽隔离,人员应穿着屏蔽工作服。目前对磁场的防护在技术上还不成熟。

(五)电路故障

1. 电路故障的危害

电路故障是由电能在电气线路中传递、分配和转换失去控制造成的。电气线路或电气设备发生故障可能影响到人身安全,异常停电也可能影响到人身安全。这些虽然是电路故障,但从安全系统的角度考虑,同样应当注意这些不安全状态可能造成的事故。

2. 电气安全的检查

电气安全检查包括检查电气设备绝缘有无破损,绝缘电阻是否合格,设备裸露带电部分是否有防护,屏护装置是否符合安全要求,安全间距是否足够,保护接零或保护接地是否正确、可靠,保护装置是否符合要求,手提灯和局部照明灯电压是否是安全电压或是否采取了其他安全措施,安全用具和电气灭火器材是否齐全,电气设备安装是否合格,安装位置是否合理,电气连接部位是否完好,电气设备或电气线路是否过热,制度是否健全等内容。

对变压器等重要电气设备要坚持巡视,并做必要的记录。新安装的设备,特别是自制设备的验收工作要坚持原则,一丝不苟。对于使用中的电气设备,应定期测定其绝缘电阻;对于各种接地装置,应定期测定其接地电阻;对于安全用具、避雷器、变压器油及其他一些保护电器,也应定期检查、测定或进行耐压试验。

五、起重吊装安全

起重设备是通过吊钩或其他吊具起升、搬运物料的一种危险因素较大的特种机械设备。其形式多样,种类繁多,一般分为轻小型起重设备、起重机和升降机。轻小型起重设备包括千斤顶、滑车、起重葫芦、悬挂单轨系统;起重机包括桥架型起重机、索缆型起重机和臂架型起重机。

起重吊装是指建筑工程中,采用相应的机械设备和设施来完成结构吊装和设施安装。其作业属高处危险作业,作业环境复杂,作业条件多变,技术难度大。因此,在作业时应严格遵守安全操作规程。具体要求如下:

(一)准备工作

(1)作业前应根据作业特点编制专项施工方案,并对参加作业人员进行方案和安全技术交底。

(2)作业时周边应置警戒区域,设置醒目的警示标志,防止无关人员进入;特别危险处应设监护人员。

(3)起重吊装的大多数作业点都必须由专业技术人员作业;属于特种作业的人员必须按国家有关规定经专门安全作业培训,取得特种作业操作资格证书,方可上岗作业。

(4)作业人员应选择安全的位置作业。卷扬机与地滑轮穿越钢丝绳的区域,禁止人员站立和通行。

(二)作业时的注意事项

(1)吊装过程必须设有专人指挥。起重吊装工作属专业性强、危险性大的工作,因此,吊装过程中必须设专人指挥,并应由有经验的人员担任指挥,其他人必须服从指挥。起重指挥不能兼作其他工种,应认真观察周围环境,并应确保起重司机清晰准确地听到指挥信号。

(2)起重机在地面,吊装作业在高处的条件下,必须专门设置信号传递人员,以确保司机清晰准确地看到和听到指挥信号。

(3)吊物之前必须清楚物件实际重量,不准起吊不明重量和埋于地下、粘在地面的重物。吊点选择应与重物的重心在同一垂直线上,且吊点应在重心之上,使重物垂直起吊,禁止斜吊。当重物无固定吊点时,必须按规定选择吊点并捆绑牢靠,使重物在吊运过程中保持平衡和吊点不产生位移。

（4）构件堆放注意事项。构件存放场地应该平整坚实。构件叠放用方木垫平，必须稳固，不准超高（一般不宜超过 1.6 米）。构件存放除设置垫木外，必要时应设置相应的支撑，提高其稳定性。重心较高的构件（如屋架、大梁等），除在底部设垫木外，还应在两侧加设支撑，或以方木、钢丝将其连成一体，提高其稳定性，侧向支撑沿梁长度方向不得少于三道。禁止无关人员在堆放的构件中穿行，防止发生构件倒塌伤人事故。

（5）结构吊装应设置防坠落措施。起重吊装于高处作业时，应按规定设置安全措施防止高处坠落。结构吊装时，可设置移动式节间安全平网，随节间吊装平网可平移到下一节间，以防护节间高处作业人员的安全。高处作业规范规定："屋架吊装以前，应预先在下弦挂设安全网，吊装完毕后，即将安全网铺设固定。"

（6）在露天有六级以上大风或大雨、大雪、大雾等天气时，应停止起重吊装作业。

（7）起重机作业时，起重臂和吊物下方严禁有人停留、工作或通过。重物吊运时，严禁人从上方通过。严禁用起重机载运人员。

（三）经常使用的起重工具注意事项

（1）手动倒链。操作人员应经培训合格，方可上岗作业。吊物时应挂牢后慢慢拉动倒链，不得斜向拽拉。当一人拉不动时，应查明原因，禁止多人一齐猛拉。

（2）手搬葫芦。操作人员应经培训合格，主方可上岗作业。使用前检查自锁夹钳装置的可靠性，当夹紧钢丝绳后，应能往复运动，否则禁止使用。

（3）千斤顶。操作人员应经培训合格，主方可上岗作业。千斤顶置于平整坚实的地面上，并垫木板或钢板，防止地面沉陷。顶部与光滑物接触面应垫硬木防止滑动。开始操作应逐渐顶升，注意防止顶歪，始终保持重物的平衡。

（四）起重机司机的基本要求

（1）熟悉所操纵的起重机各机件的构造和性能。

（2）掌握起重机操作规程和有关法令。

（3）掌握安全运行要求。

（4）熟悉安全防护装置的结构原理和性能。

（5）掌握电动机和电气方面的基础知识。

（6）熟悉指挥信号。

（7）掌握起重机保养和维修的基本知识。

（五）对起重工的安全要求

（1）指挥信号应明确，并符合规定。

（2）吊挂时，吊挂绳之间的夹角宜小于 100 度，避免绳索受力过大。

（3）吊挂绳所经过的棱角处应加衬垫。

（4）指挥物件翻转时，应使其重心平稳变化，不要做出指挥意图之外的动作。

（5）进入悬吊重物下方区域时，应先与司机联系并设置支承装置。

（6）多人绑挂时，应由一人负责指挥。

六、锅炉、压力容器安全

锅炉是生产蒸汽或加热水的设备。压力容器泛指承受流体压力的密闭容器。锅炉压力容器使用广泛，在国民经济建设中起着重要作用，但事故率高，事故后果严重，所以国内外普遍将锅炉压力容器视作特殊设备，对其安全生产作了特别规定。

（一）锅炉、压力容器事故分类

锅炉、压力容器事故分为：

（1）一般事故。损坏程度不严重，勿需停止运行进行修理。

（2）重大事故。锅炉、压力容器由于受压部件严重损坏（如变形、渗漏)、附件损坏或炉膛爆炸等被迫停止运行,必须进行修理。

(3)爆炸事故。锅炉、压力容器在使用中或试压时发生破裂、压力瞬时降至等于外界大气压力的事故。

(二)锅炉事故的防范和处理

1.炉膛爆炸

炉膛爆炸是由下述原因造成的:(1)在锅炉点火前,因阀门关闭不严或泄漏、操作失误、一次点火失败等情况,使燃气、燃油或煤粉进入炉膛,而又未对炉膛进行吹扫或吹扫时间不够,在炉膛内留存有可燃物与空气的混合物,且浓度达到爆炸范围,点火即发生炉膛爆炸;(2)在锅炉运行中,因燃气、燃油压力或风压波动太大,引起脱火或者回火,造成炉膛局部或整个炉膛火焰熄灭,继续送入燃料时,空气与燃料形成的燃爆性混合物被加热或引燃,造成爆炸;(3)由于燃烧设备、控制系统设计制造缺陷或性能不佳,导致锅炉燃烧不良,在炉膛中未燃尽的可燃物聚积在炉膛、烟道的某些死角部位,与空气形成燃爆性混合物,被加热或引燃,造成爆炸。

炉膛爆炸的预防措施有:(1)在锅炉点火前对锅炉的燃烧系统进行认真全面的检查,特别要检查燃烧器有无漏气、漏油现象;(2)在锅炉点火前对炉膛进行充分吹扫,开动引风机给锅炉通风5~10分钟,没有风机的小型锅炉可自然通风5~10分钟,以清除炉膛及烟道中的可燃物质;(3)点火时,应先送风,之后投入点燃火炬,最后送入燃料,即以火焰等待燃料,而不能先输入燃料再点火;(4)一次点火失败,需要重新点燃时,应重新通风吹扫,再按点火步骤进行点燃;(5)在锅炉运行中发现炉膛熄火,应立即切断对炉膛的燃料供应。待对炉膛进行通风吹扫后,再行点火;(6)锅炉正常停炉及紧急停炉,均必须先停止燃料供应,再停鼓风,最后停引风;(7)在锅炉运行中若发现燃烧不良,应充分重视,分析原因,改进燃烧设备或运行措施,完善燃烧,以防在炉膛及烟道内积存可燃物;(8)为降低炉膛爆炸的危害,在燃气、燃油及燃煤粉小型水管锅炉炉膛和烟道的容易爆燃部位,应设置防爆门。

2. 缺水事故

缺水事故是由于水位表管路及阀门堵塞,给水设备及管路故障,排污阀及放水阀泄露,炉管爆破,运行人员疏于职守等原因造成的。其表现为水位表中水位低于最低安全水位、虚假水位或看不到水位、过热蒸汽温度及排烟温度异常升高等。其防范措施如下:(1)锅炉运行人员持证上岗,严格执行"锅炉运行操作规程"和"岗位责任制";(2)新装、改造或检修后的锅炉,应检查水位表安装的位置是否正确,防止锅炉出现虚假水位;(3)为保证水位表指示正确,水位表的清洗检查工作每班至少应进行两次;(4)水位表的汽、水旋塞发现泄漏时,应及时修理,防止因水位表旋塞堵塞、泄漏等原因形成虚假水位;(5)妥善维护锅炉给水设备和管路阀门,保证锅炉可靠供水;(6)锅炉排污时,应严格监视水位下降的情况,排污后应关好排污阀。

3. 满水事故

满水事故常见的原因是:运行人员疏忽大意,水位表故障造成假水位而运行人员未及时发现,水位报警器及给水自动调节器失灵而又未能及时发现等。锅炉满水的后果是:满水发生后,高水位报警器动作并发出警报,过热蒸汽温度降低,给水流量不正常地大于蒸汽流量。严重满水时,锅水可进入蒸汽管道和过热器,造成水击及过热器结垢。因而满水的主要危害是降低蒸汽品质,损害以致破坏过热器。锅炉满水的处理方法是:发现锅炉满水后,应冲洗水位表,检查水位表有无故障;一旦确认满水,应立即关闭给水阀停止向锅炉上水,启用省煤器再循环管路,减弱燃烧,开启排污阀及过热器、蒸汽管道上的疏水阀;待水位恢复正常后,关闭排污阀及各疏水阀;查清事故原因并予以消除,恢复正常运行。如果满水时出现水击,则在恢复正常水位后,还须检查蒸汽管道、附件、支架等,确定无异常情况,才可恢复正常运行。

4.汽水共腾

蒸汽锅炉汽水共腾,是指当蒸发量瞬时增加使锅筒水位急剧变化或水位上升超过极限水位时,由于大量锅水被带入蒸汽空间,使蒸汽带水大幅度增长的现象。作为一种事故,它极大地危害了蒸汽锅炉的安全运行。汽水共腾的原因主要有:(1)锅水水质恶化,含盐量及碱度过高;(2)表面排污装置设置不当,排污间隔时间过长,排污量不够;(3)用汽负荷增加过快、负荷不稳定或长时间超负荷运行;(4)并汽时汽压高于蒸汽母管内的气压。炉水水质恶化和排污制度执行差是汽水共腾事故的直接原因,其他的则是间接原因。

发生汽水共腾时的紧急处理措施主要有:(1)完全开启连续排污阀,开启锅炉紧急放水阀(若无此阀应开启定期排污阀),把汽包内水面上的泡沫放净,同时加强给水,降低炉水含盐量,并应防止水位过低;(2)开启过热器及蒸汽管道上的疏水阀门;(3)降低负荷,并保持相对稳定;(4)处理结束后,应关闭排污阀和疏水阀,并进行水位计冲洗;(5)若采用炉内加药水处理时,应立即停止加药。

汽水共腾的预防措施有:(1)水处理人员应采取有效措施,改善炉水品质,适当增加对炉水的化验次数;并应提高专业技术水平;(2)司炉工应严格执行水质化验员指导排污和定期排污制度(3)开启主汽阀应缓慢不应过快,并汽时汽压应比母管汽压低一些;(4)负荷应保持稳定;(5)新安装或停炉时间较长的锅炉在运行前应进行煮炉。

5.炉管(水冷壁、对流管束、烟管)爆破

锅炉爆管表现为:有爆破声及喷汽声,水位、汽压显著下降,炉膛负压变为正压,排烟温度降低。主要由管壁结垢、严重缺水、水循环故障、热膨胀受阻、腐蚀减薄、管材或焊接缺陷、吹灰不当、管

内异物堵塞等原因造成。其处理措施主要有:(1)炉管爆裂泄露不严重且能保持水位,事故不至扩大时,可以短时间降低负荷维持运行,待备用炉启动后再停炉;(2)炉管破裂不能保持水位时,应紧急停炉,但引风机不应停止,还应继续给锅炉上水,降低管壁温度,使事故不致再扩大;(3)如因锅炉缺水,管壁过热而爆管时,应紧急停炉,且严禁向锅炉给水,这时应尽快撤出炉内余火,降低炉腔温度,减少锅炉过热的程度(4)如有几台锅炉并列供汽,应将事故锅炉的主蒸汽管与蒸汽母管隔断。

6. 过热器管损坏

过热器管损坏表现为:过热器部位喷汽,给水流量明显大于蒸汽流量,烟气负压变为正压,排烟温度降低等。它是由过热器内结垢、蒸汽超温、热偏差过大、管内积水腐蚀、管材或焊接缺陷、管内异物、吹灰不当等原因造成的。过热器损坏可按下述方法处理:(1)过热器管轻微破裂,可适当降低负荷,在短时间内维持运行,此时应严密监视泄露情况,与此同时,迅速启动备用锅炉。若监视过程中故障情况恶化,则应尽快停炉。(2)过热器管爆裂严重时,必须紧急停炉。

7. 省煤器管爆破

省煤器管爆破表现为:(1)锅炉水位下降,给水流量不正常地大于蒸汽流量;(2)省煤器附近有泄露响声,炉墙的缝隙及下部烟道门向外冒汽漏水;(3)排烟温度不降,烟气颜色变白;(4)省煤器下部的灰斗内有湿灰,严重时有水往下流;(5)烟气阻力增加,引风机声音不正常,电机流量增大。

省煤器管爆破的处理措施主要有:(1)对于不可分式省煤器,如能维持锅炉正常水位时,可加大给水量,并且关闭所有的放水阀门和再循环管阀门,以维护短时间运行,待备用锅炉投入运行后再停炉检修。如果事故扩大,不能维持水位时,应紧急停炉。(2)对于可分式省煤器,应开启旁通烟道挡板,关闭烟道挡板,暂停使用省煤器。同时开启省煤器旁通水罐阀门,继续向锅炉进水。烟、水可靠隔绝后,将省煤器内存水立刻放掉,开启空气阀或抬起安全阀。如烟道挡板严密,在能确保人身安全的条件下可以进行检修,恢复运行,否则应停炉后再检修。

省煤器管爆破的处理措施主要有:作好对省煤器的启动保护,防止内外部腐蚀及磨损等。

(三)气瓶安全

气瓶是移动式小型盛装容器,单瓶容积一般不大于1000L。其基本工作特点是工作场所、工作条件经常变化,介质单口进出,充装和使用不同时进行,多次反复充装介质。我国标准规定的气瓶最高工作温度(指考虑日晒,瓶内介质可能达到的最高温度)为60℃,气瓶许用压力(保证气瓶安全,允许气瓶承受的最高压力)不小于瓶内介质温度为60℃时的介质压力。气瓶超装或混装,特别是低压液化气体气瓶超装,可燃气体与助燃气体混装,或两种可发生反应的气体混装,是造成气瓶爆炸事故的常见原因。气瓶安全管理,关键是防止气瓶超装与混装,同时也应管好气瓶运输、使用、储存、检验等环节。详述如下:

(1)严格气瓶充装管理,防止超装。

(2)按气瓶涂色专瓶专用,充装前按规定留余压余气,防止混装错装。常用气瓶的涂色为:氧气瓶——淡酞蓝;氮气或空气瓶——黑;二氧化碳气瓶——铝白;液化石油气瓶——银灰;液氨气瓶——淡黄;液氯气瓶——深绿;溶解乙炔气瓶——白。瓶内气体不得用尽,永久气体气瓶的剩余压力应不小于0.05MPa,液化气体气瓶应留有不少于规定充装量0.5~1.0%的剩余气体。

(3)正确操作,防止撞击,缓慢开启和关闭瓶阀。

(4)远离明火,防止受热。

(5)文明装卸,运输和使用中妥善固定。

(6)可燃气体气瓶与助燃气体气瓶严格分开装运,隔离贮存,分开堆放。

(7)化学性质活泼的气体,对其气瓶应经常检查,防止泄漏,限期存放。

(8)注意维护保养,防止腐蚀,保持涂色及涂字清晰,附件完好。

(9)按规定进行定期检验。定期检验期限:盛装惰性气体的气瓶,每5年检验一次;盛装腐蚀性气体的气瓶,每2年检验一次;盛装一般气体的气瓶,每3年检验一次;民用液化石油气钢瓶,使用不满20年者,每5年检验一次。使用20年以上者,每2年检验一次。

(四)液化石油气钢瓶的使用安全

液化石油气主要成分是丙烷与丁烷,燃点低(约450℃),易燃易爆,空气中混入少量液化石油气即有燃爆的危险。因此,一定要严格遵守其安全使用规则。

(1)不应在集市或其他自由交易场所购置液化石油气瓶,这些气瓶有的是已淘汰旧瓶,有的是无证厂家的不合格产品。应使用定点厂家的合格气瓶。

(2)气瓶与燃具的距离不应小于0.5米,气瓶与暖气的距离不应小于1米,气瓶不得设置在地下室、半地下室或通风不良的场所。

(3)放置气瓶的厨房或房间室温不应高于45℃,严禁用明火、热水或其他热源对气瓶加热,以防瓶内因升温或满液而超压。

(4)发现瓶阀、减压阀或供气胶管漏气时应禁绝明火,通风换气,关紧瓶阀,立即报修。

(5)用火时注意监视,防止火焰被风吹灭或被汤水浇灭,使燃气继续泄放而在室内形成燃爆条件。

(6)严禁向下水道、便池、垃圾道或其他场所倒放液化石油气及其残液。

七、意外伤害的自救与互救

意外伤害,顾名思义,是指因意外原因造成的伤害。遇到意外伤害如果能够及时自救或互救,就可能大大减少伤害的扩展,挽救更多生命。所以应当掌握意外伤害自救与互救的一般知识。

(一)意外伤害急救的原则

(1)遇到意外伤害发生时,不要惊慌失措,要保持镇静,并设法维持好现场的秩序。

(2)在周围环境不危及生命条件下,一般不要轻易随便搬动伤员。

(3)暂不要给伤病员喝任何饮料和进食。

(4)如发生意外,而现场无人时,应向周围大声呼救,请求来人帮助或设法联系有关部门,不要单独留下伤病员无人照管。

(5)遇到严重事故、灾害或中毒时,除急救呼叫外,还应立即向有关政府、卫生、防疫、公安、新闻媒介等部门报告,如现场在什么地方、病伤员有多少、伤情如何、都做过什么处理等。

(6)根据伤情对病员边分类边抢救,处理的原则是先重后轻、先急后缓、先近后远。

(7)对呼吸困难、窒息和心跳停止的伤病员,从速置头于后仰位、托起下颌、使呼吸道畅通,同时施行人工呼吸、胸外心脏按压等复苏操作,原地抢救。

(8)对伤情稳定,估计转运途中不会加重伤情的伤病员,迅速组织人力,利用各种交通工具分别转运到附近的医疗单位急救。

(9)现场抢救一切行动必须服从有关领导的统一指挥,不可各自为政。

(二)常见意外事故伤害的自救与互救

1.火灾事故

火灾是常见的意外事故之一。死于火灾的人,大部分不是因为烧伤,而是中毒窒息。因为现代化的建筑一旦发生火灾,很快就会产生大量的有毒气体。一旦遭遇火灾,要沉着冷静,不能惊慌失措,不要深呼吸或大声叫喊。应尽量降低身体的高度,用毛巾或衣服捂住口鼻。如果可能,应往地面大量喷水,以降低有毒气体浓度和地面温度。如果大火还没有蔓延到室内,要紧闭门窗,并用衣物堵住门缝,以免毒气进入室内。火势初期,如果发现火势不大,未对人与环境造成很大威胁,其附近有消防器材,如灭火器、消防栓、自来水等;应尽可能地在第一时间将火扑灭,不可置小火于不顾而酿成火灾。当火势失去控制,不要惊慌失措,应冷静机智地运用火场自救和逃生知识摆脱困境。心理的恐慌和崩溃往往使人丧失绝佳的逃生机会。如遇建筑物内发生火灾,应采用以下方法避险与逃生:

(1)沉着冷静,辨明方向,迅速撤离危险区域。突遇火灾,面对浓烟和大火,首先要使自己保持镇静,迅速判断危险地点和安全地点,果断决定逃生的办法,尽快撤离险地。如果火灾现场人员较多,切不可慌张,更不要相互拥挤、盲目跟从或乱冲乱撞、相互践踏,造成意外伤害,撤离时要朝明亮或外面空旷的地方跑,同时尽量向楼梯下面跑。进入楼梯间后,在确定下楼层未着火时,可以向下逃生,而绝不应往上跑。若通道已被烟火封阻,则应背向烟火方向离开,通过阳台、气窗、天台等往室外逃生。如果现场烟雾很大,能见度低,无法辨明方向,则应贴近墙壁或按指示灯的提示,摸索前进,找到安全出口。

(2)利用消防通道,不可进入电梯。在高层建筑中,电梯的供电系统在火灾时随时会断电,或因强热作用使电梯部件变形而"卡壳"将人困在电梯内,给救援工作增加难度;同时由于电梯井犹如贯通的烟囱般直通各楼层,有毒的烟雾极易被吸入其中,人在电梯里随时会被浓烟毒气熏呛而窒息。因此,火灾时千万不可乘普通的电梯逃生,而是要根据情况选择进入相对较为安全的楼梯。

消防通道、有外窗的通廊。此外,还可以利用建筑物的阳台、窗台、天台、屋顶等攀到周围的安全地点。

(3)如果逃生要经过充满烟雾的路线,为避免浓烟呛入口鼻,可使用毛巾或口罩蒙住口鼻;同时使身体尽量贴近地面或匍匐前行。烟气较空气轻而飘于上部,贴近地面撤离是避免烟气吸入、滤去毒气的最佳方法。穿过烟火封锁区,应尽量佩戴防毒面具、头盔、阻燃隔热服等护具,如果没有这些护具,可向头部、身上浇冷水或用湿毛巾、湿棉被、湿毯子等将头、身体裹好,再冲出去。

(4)寻找、自制有效工具进行自救。有些建筑物内设有高空缓降器或救生绳,火场人员可以通过这些设施安全地离开危险的楼层。如果没有这些专门设施,而安全通道又已被烟火封堵,在救援人员还不能及时赶到的情况下,可以迅速利用身边的绳索或床单、窗帘、衣服等自制成简易救生绳,有条件的最好用水打湿,然后从窗台或阳台沿绳缓滑到下面楼层或地面,还可以沿着水管、避雷线等建筑结构的凸出物滑到地面安全逃生。

(5)暂避较安全场所,等待救援。假如用手摸房门已感到烫手,或已知房间被大火或烟雾围困,此时切不可打开房门,否则火焰与浓烟会顺势冲进房间。这时可采取创造避难场所、固守待援的办法。首先应关紧迎火的门窗,打开背火的门窗,用湿毛巾或湿布条塞住门窗缝隙,或者用水浸湿棉被蒙上门窗,并不停泼水降温,同时用水淋透房间内可燃物,防止烟火渗入,固守在房间内,等待救援人员到达。

(6)设法发出信号,寻求外界帮助。被烟火围困暂时无法逃离的人员,应尽量站在阳台或窗口等易于被人发现和能避免烟火近身的地方。在白天,可以向窗外晃动鲜艳衣物,或向外抛轻型晃眼的东西;在晚上,可以用手电筒不停地在窗口闪动或者利用敲击金属物、大声呼救等方式,及时发出有效的求救信号,引起救援者的注意。另外,消防人员进入室内救援都是沿墙壁摸索前进,所以当被烟气窒息失去自救能力时,应努力滚到墙边或门边,便于消防人员寻找、营救。同时,躺在墙边也可防止房屋结构塌落砸伤自己。

(7)无法逃生时,跳楼是最后的选择。身处火灾烟气中的人,精神上往往陷于恐怖之中,这种恐慌的心理极易导致不顾一切的伤害性行为,如跳楼逃生。应该注意的是,只有消防人员准备好救生气垫并指挥跳楼时,或者楼层不高(一般4层以下),非跳楼即被烧死的情况下,才采取跳楼的方法。即使已没有任何退路,若生命还未受到严重威胁,也要冷静地等待消防人员的救援,跳楼也要有技巧。跳楼时应尽量往救生气垫中部跳或选择有水池、软雨篷、草地等方向跳;如有可能,要尽量抱些棉被、沙发等松软物品或打开雨伞跳下,以减缓冲击力。如果徒手跳楼,一定要抓住窗台或阳台边沿使身体自然下垂,以尽量降低身体与地面的垂直距离,落地前要双手抱紧头部,身体弯曲成一团以减少伤害。跳楼虽可求生,但会对身体造成一定的伤害,所以要慎之又慎。

2.交通事故

交通事故是造成伤害人数最多的事故之一。近几年来,我国交通事故频发,造成死亡的人数高居世界前列。交通事故造成的伤害往往伤情严重,致残率高、死亡率高。受伤类型主要有脏器损伤,颅脑损伤,开放性骨折,脊柱骨折、脱位,甚至截瘫。一旦发生车祸,伤者或他人要立即通知急救部门。救助者不要盲目将伤者拖出车外。由于伤者可能有颅脑或脊柱受伤,不正确的救助会带来二次受伤,甚至导致截瘫等永久性损伤。所以,在车祸救援过程中,保护伤者颈部非常重要。在将伤者从车中救出之前,应先给其戴上颈托。在没有颈托的时候,可以将厚衣服或报纸缠在颈部,并用皮带或绳子固定。车祸现场急救应按照以下程序进行:

(1)正确判断伤者伤情和受伤部位。

(2)采用正确的搬动伤员方法,保护脊柱和骨折肢体。

(3)按先救命、后救伤的原则,先进行心肺复苏,后处理受伤部位。

①对心跳呼吸停止者,现场用人工呼吸施行心肺复苏;

②对失去知觉者宜清除口鼻中的异物,随后将伤员置于侧卧位以防窒息;

③对骨折者,可就地取材固定骨折的肢体,防止骨折的再损伤。

④遇有开放性颅脑或开放性腹部伤,不应将污染的组织塞入伤口,可用干净碗覆盖,然后包扎,不要给伤者进食,饮水或用止痛剂,速送往医院诊治。

⑤当有木桩等物刺入体腔或肢体,不宜拔出,宜截断刺体处部分(近体表的保留一段)。有时戳入的物体正好刺破血管,暂时起填塞止血作用,一旦现场拔除,会导致大出血而来不及抢救。

⑥若有胸壁浮动,应立即用衣物、棉垫等充填后适当加压包扎,以限制浮动。无法充填包扎时,应使伤员卧向浮动壁,也可起到限制反常呼吸的效果。

⑦若有开放性胸部伤,立即取半卧位,对胸壁伤口进行严密封闭包扎,使开放性气胸改变成闭合性气胸。

(4)迅速止血,包扎伤口。对出血多的伤口应加压包扎。有搏动性或喷涌状动脉出血不止时,暂时可用指压法止血,或在出血肢体伤口的近端扎止血带。扎上止血带者应注意记时间,并且每20分钟放松一次,以防肢体的缺血坏死。

(5)尽快转送医院。

3.触电事故

发现有人触电,首先要尽快使触电者脱离电源,然后根据触电者的具体情况,进行相应的救治。

(1)使触电者脱离电源

①低压触电事故。第一,如果触电地点附近有电源开关或插肖,可立即拉掉开关或拔出插肖,切断电源。第二,如果电源开关

或电源插头不在触电地点附近,可用有绝缘柄的电工钳或有干燥木柄的斧头切断电源线,断开电源;或用干木板等绝缘物插入触电者身下,隔断电源。第三,当电线搭落在触电者身上或被压在身下时,可用干燥的衣服、手套、绳索、木板、木棒等绝缘物作为工具,拉开触电者或挑开电线使触电者脱离电源。第四,如果触电者的衣服很干燥,且未曾紧缠在身上,可用手抓住触电者的衣服,拉离电源。但因触电者的身体是带电的,其鞋子的绝缘也可能遭到破坏,救护人员不得接触带电者的皮肤和鞋。

②高压触电事故。第一,立即通知有关部门停电。第二,戴上绝缘手套,穿上绝缘鞋用相应电压等级的绝缘工具拉开开关。第三,抛掷裸金属线使线路短路接地,迫使保护装置动作,断开电源。抛掷金属线前,应注意先将金属线一端可靠接地,然后抛掷另一端,被抛掷的一端切不可触及触电者和其他人。

上述使触电者脱离电源的办法,应根据具体情况,以快速为原则选择采用。

采用上述方法时,要特别注意:第一,救护人不可直接用手或其他金属及潮湿的构件作为救护工具,而必须使用适当的绝缘工具。救护人要用一只手操作,以防自己触电。第二,防止触电者脱离电源后可能的摔伤。特别是当触电者在高处的情况下,应考虑防摔措施。即使触电者在平地,电要注意触电者倒下的方向,注意防摔。第三,如事故发生在夜间,应迅速解决临时照明,以利于抢救,并避免扩大事故。

(2)现场急救方法

①对症救护处理。第一,假如触电者伤势不重,神志清醒,未失去知觉,但有些内心惊慌,四肢发麻,全身无力,或触电者在触电过程中曾一度昏迷,但已清醒过来,则应保持空气流通和注意保暖,使触电者安静休息,不要走动,严密观察,并请医生前来诊治或者送往医院。第二,假如触电者伤势较重,已失去知觉,但心脏跳

动和呼吸还存在。对于此种情况,应使触电者舒适、安静地平卧;周围不围人,使空气流通;解开他的衣服以利呼吸,如天气寒冷,要注意保温,防止感冒或冻伤。同时,要速请医生救治或送往医院。如果发现触电者呼吸困难、稀少,面色发白或发生痉挛,应立即请医生作进一步抢救。第三,假如触电者伤势严重,呼吸停止或心脏跳动停止,或二者都已停止,仍不可以认为已经死亡,而应该看作是"假死",有条件时应立即把触电者送医院急救;若不能马上送到医院,应立即进行现场急救,施行人工呼吸或胸外心脏挤压,并迅速请医生诊治或送医院。但应当注意,急救要尽快地进行,不能等医生的到来,在送往医院的途中,也不能中止急救。

②人工呼吸法。人工呼吸法是在触电者停止呼吸后应用的急救方法。各种人工呼吸中以口对口人工呼吸法效果最好,而且简单易学,容易掌握。施行人工呼吸前,应迅速将触电者身上妨碍呼吸的衣领、上衣、裤带等解开,使胸部能自由扩张,并迅速取出触电者口腔内妨碍呼吸的食物,脱落的假牙、血块、黏液等,以免堵塞呼吸道。做口对口人工呼吸时,应使触电者仰卧,并使其头部充分后仰,使鼻孔朝上,如舌根下陷,应把它拉出来,以利呼吸道畅通。在进行人工呼吸时,可针刺人中穴,以促苏醒。心跳和呼吸恢复后,应送医院继续救治;

③胸外心脏挤压法。胸外心脏挤压法是触电者心脏跳动停止后的急救方法。做胸外心脏挤压时,应使触电者仰卧在比较坚实的地方,在触电者胸骨中段叩击 1~2 次,如无反应再进行胸外心脏挤压。人工呼吸与胸外心脏挤压应持续 4~6 小时,直至病人清醒或出现尸斑为止,不要轻易放弃抢救。当然应尽快请医生到场抢救。

④外伤的处理。如果触电人受外伤,可先用无菌生理盐水和温开水洗伤,再用干净绷带或布类包扎,然后送医院处理。如伤口出血,则应设法止血。通常方法是:将出血肢体高高举起,或用干

净纱布扎紧止血等,同时急请医生处理。

4. 中暑

(1)中暑的症状

夏季,在工作现场劳动或工作最容易发生中暑,按症状的轻重可分为三类:

①先兆中暑。表现为出现大量出汗、口渴、头昏、耳鸣、胸闷、心悸、恶心、体温升高、全身无力。

②轻度中暑。除上述病症外,体温38℃以上,面色潮红,胸闷,有面色苍白、恶心、呕吐、大汗、皮肤湿冷、血压下降等呼吸循环衰竭的早期症状。

③重度中暑。除上述症状外,出现昏倒痉挛、皮肤干燥无汗、体温40℃以上等症状。

④急救措施

遇到上述情况,应马上进行急救,让病人平躺,并放在阴凉通风处(如走廊、树阴下),松解衣扣和腰带,慢慢地给患者喝一些含盐清凉饮料或含食盐0.1~0.3%的凉开水,或西瓜汁等;用凉水或酒精擦身,或用冷水毛巾敷头部,或用冰袋、冰块置于病人头部、腋窝、大腿根部等处;也可给病人服用十滴水、仁丹、藿香正气片(水)等消暑药。病重者,要及时送往医院治疗。

(3)中暑的预防

①穿浅色衣服。工作时,应穿浅色且透气性好的衣服,浅色的或素色的衣服不易中暑。

②戴隔热草帽。编织草帽的原料多为空心的,里面储存有一定数量的空气,而空气是热的不良导体;另外,草帽对阳光还有一定的遮挡作用。

③中午适当休息。中午适当休息,保证有充足的睡眠,工作时有精神,不易劳累,也不易中暑。

④多喝盐开水。夏季高温,出汗多,体内盐分减少,体内的渗

透压就会失去平衡,从而出现中暑。而多喝些盐开水或盐茶水,可以补充体内失掉的盐分,从而防暑。喝盐水时,要少量多次地喝,才能起到预防中暑的作用。

⑤常备防暑药物。夏季工作时,应带些防暑药物,如人丹、清凉油、万金油、风油精、十滴水、藿香正气水等。

5. 高处坠落的急救

高空坠落伤是指人们日常工作或生活中,从高处坠落,受到高速的冲击力,使人体组织和器官遭到一定程度破坏而引起的损伤。多见于建筑施工和电梯安装等高空作业,通常有多个系统或多个器官的损伤,严重者当场死亡。

遇人员高空坠落事故,首先应观察伤员的神志是否清醒,随后看伤员坠落时身体着地部位。若是头颅着地,则以后脑勺着地最为严重,若伴有耳朵、鼻孔出血,更说明情况严重;若是头的其他部位着地,可造成脑震荡、颅骨骨折、颅内出血、脑干损伤。背部着地可造成脊椎骨折、肾损伤、脊髓损伤,严重者可造成截瘫。胸腹部着地可造成肋骨骨折或内脏损伤,如肝脾破裂,且可引起内出血;肺损伤会造成气胸。臀部着地可造成骨盆骨折、会阴撕裂、尿道损伤,也可能造成脊椎骨折。四肢着地则会造成着地部位的骨折或复合性损伤。

在弄清了伤员的受伤部位后,再采取现场急救处理,处理方法是否得当,对进一步治疗的效果起着决定性的作用。据统计,除现场死亡外,摔伤者送往医院后导致终身残疾和死亡的,有78.9%是由于在现场未经救治和处理,或处理、搬运不当所致。具体急救方法如下:

(1)去除伤员身上的用具和口袋中的硬物。

(2)如果伤员尚清醒,能站起来或移动身体,则要让其躺下用担架抬送医院,或是用车送往医院,因为某些内脏伤害,当时可能感觉不明显。

（3）若伤员已不能动，或不清醒，切不可乱抬，更不能背起来送医院。这样极容易拉脱伤者脊椎，造成永久性伤害。此时应进一步检查伤者是否骨折，若有骨折，应采用夹板固定，找两到三块比骨折骨头稍长一点的木板，托住骨折部位，绑三道绳，使骨折处由夹板依托不产生横向受力，绑绳不能太紧，以能够在夹板上左右移动1~2厘米为宜。

（4）送医院时应先找一块能使伤者平躺的木板，然后在伤者一侧将小臂伸入伤者身下，并有人分别托住头、肩、腰、胯、腿等部位，同时用力，将伤者平稳托起，再平稳放在木板上，抬着木板送医院。

（5）在搬运和转送过程中，颈部和躯干不能前屈或扭转，而应使脊柱伸直，绝对禁止一个抬肩一个抬腿的搬法，以免发生或加重截瘫。

（6）创伤局部妥善包扎，但对疑颅底骨折和脑脊液漏患者切忌作填塞，以免导致颅内感染。

（7）颌面部伤员首先应保持呼吸道畅通，撤除假牙，清除移位的组织碎片、血凝块、口腔分泌物等，同时松解伤员的颈、胸部纽扣。若舌已后坠或口腔内异物无法清除时，可用12号粗针穿刺环甲膜，维持呼吸，尽可能早作气管切开。

（8）复合伤要求平仰卧位，保持呼吸道畅通，解开衣领扣。

（9）周围血管伤，压迫伤部以上动脉干至骨骼。直接在伤口上放置厚敷料，绷带加压包扎以不出血和不影响肢体血循环为宜，常有效。当上述方法无效时可慎用止血带，原则上尽量缩短使用时间，一般以不超过1小时为宜，做好标记，注明上止血带时间。

（10）若坠落在地坑内，也要按上述程序救护。若地坑内杂物太多，应由几个人小心抬抱，放在平板上抬出。若坠落在地井中，无法让伤者平躺，则应小心将伤者抱入筐中吊上来，施救时应注意无论如何也不能让伤者脊椎、颈椎受力。

6. 眼部伤害

对眼外伤的正确处理关系到能否保存眼球和恢复部分视力，若处理不当可留下终身残疾。发生眼外伤后，伤员本人及救助者首先要判明受伤的部位、性质和程度，然后根据不同的情况给予相应的处理。

（1）机械性外伤

①钝挫伤。颜面部由于受到钝性打击，仅引起眼眶周围软组织肿胀而无破口的，因眼眶周围组织血管分布丰富，皮下出血后往往肿起大块青紫，故受伤后切不可按揉或热敷以免加重皮下血肿。而应立即用冰袋或凉手巾进行局部冷敷，以期消肿止痛。24 小时后可改为热敷，以促进局部淤血的吸收。凡是仅为眼外部皮肤破裂而眼球无损伤者，必须注意保持创面清洁，不可用脏手或不洁的布块擦捂伤口，以免引起感染累及眼球而影响视力。用干净的敷料包扎后，尽快送往医院眼科进行清创缝合，减少日后流下较大疤痕的机会。如果眼球受到钝性撞击或擦伤后，伤员可出现眼内异物感、畏光、流泪，若损伤角膜还会出现剧痛。此时，如有氯霉素眼药水，可用来点眼以预防感染。而后用干净的纱布或手绢遮盖眼睛后去医院治疗。

②异物伤。当异物细屑嵌入皮肤表层，可用镊子夹出。如果结膜内出现异物，此时会出现疼痛、流泪等症状，可用洁净的手绢或棉签轻轻拭出。如异物在角膜上，先冲洗（盐水更好），如洗不掉，用清洁棉签轻轻拭除角膜异物。对于较深的异物，则应立即到医院处理。眼部皮肤戳伤后，容易引起皮下出血、肿胀或有淤斑，这时千万不要用手挤压，甚至翻开眼睑等，可用干净纱布或毛巾冷敷，如出血较多，可用手绢、布条压住伤口，送医院急救。当眼被刀剪等挫伤或眼壁穿破时，切勿用手擦搓或随便按压，防止继续出血或感染。此时应立即用干净的棉垫包眼。条件许可者，给予抗生素和消炎片，肌肉注射破伤风抗毒素，然后送医院救治。

（2）化学性外伤

无论是酸性还是碱性物质烧伤眼球后,不要急于送医院,应争分夺秒地就地处理,可取自来水、井水、河水或生理盐水反复冲洗受伤的眼部,冲洗时也可用手将上眼睑及下眼睑翻转,并转动眼球。也可将整个脸部浸入水里,用手把上下眼睑扒开,同时睁大眼睛,头在水中左右晃动,使进入眼睛的化学品迅速被冲洗掉,一般冲洗20分钟后,用纱布或干净的手帕蒙住受伤的眼睛,急送医院处理。有条件的如酸性烧伤,可用0.3%浓度的苏打水冲洗;碱性烧伤可用1~2%醋酸冲洗。无论采取哪种冲洗方法,冲洗得越快越好,冲洗后立刻送医院救治。千万不要不冲洗就往医院送。

（3）物理性外伤

物理性外伤包括热烧伤、低温损伤及辐射性损伤等。出现热伤及低温损伤后,应及时到医院对症处理。眼部辐射性损伤是由电磁谱中各种辐射线造成的眼部损害,如微波、红外线、可见光、紫外线、X线、r射线等。电焊时,产生的电弧光刺激眼部后,可出现怕光、流泪、疼痛烧灼感、眼睑糜烂、结膜水肿等现象。因紫外线刺激而引起的炎症,人们通常称之为电光性眼炎。电光性眼炎的治疗,关键是先止痛、镇静和防止感染。最简单的方法是用新鲜人奶滴眼,每次3~5滴,滴奶后不要立即睁眼,应闭眼3~5分钟,每隔2小时滴一次。冷敷法对治电光性眼炎也有一定的效果,能减轻眼部充血及疼痛,有利于消除炎症。方法是将浸湿的毛巾敷于眼部,过3~5分钟后换一次,一般冷敷15~30分钟即可,与此同时,需要点消炎眼药水(每2小时一次)或眼膏(每日1~2次),以防止感染。也可选用氯霉素眼药水、新金霉素眼药水、红霉素眼膏、金霉素眼膏等。症状较重者,还应酌情服用些镇静药、安眠药,一般在安睡数小时后症状就会减轻并消失。

7. 毒蛇(虫)及狗(猫)咬伤

夏天在南方野外工作,可能会被蛇、蜂、蜈蚣、蝎子等毒物咬伤或蜇伤,若不及时采取正确急救措施,会造成严重后果,甚至危及生命。

(1)蛇咬伤

若被毒蛇咬伤,牙印的前端有一对大而深的毒牙痕,毒腺内的毒液进入体内,可在数十分钟内引起严重的全身症状;若被无毒蛇咬伤,伤口有2~4行浅表而细小的牙印,牙印前端没有毒牙痕,一般不会引起全身症状。毒蛇咬伤的主要症状表现为:第一,局部症状:被咬伤处皮肤立即发红,发肿,甚至变紫、坏死;局部有剧烈烧灼样疼痛。第二,全身症状:开始常有怕冷、流涎、恶心呕吐、出冷汗、脉搏细弱、呼吸急促等症状,以后可出现复视、眩晕、意识障碍,最后因呼吸中枢衰竭而死亡。

被蛇咬伤应采取以下急救措施:

①判定是否为毒蛇所伤。被蛇咬伤后,不要跑动,立即坐下,仔细辨认牙痕,以确定是否为毒蛇所伤。

②防止毒液扩散和吸收。判定为毒蛇所伤后,立即用可以找到的鞋带、裤带之类的绳子绑扎伤口的近心端,如果手指被咬伤可绑扎指根;手掌或前臂被咬伤可绑扎肘关节上;脚趾被咬伤可绑扎趾根部;足部或小腿被咬伤可绑扎膝关节下;大腿被咬伤可绑扎大腿根部。绑扎的目的仅在于阻断毒液经静脉和淋巴回流入心脏,而不妨碍动脉血的供应,与止血的目的不同。故绑扎无需过紧,它的松紧度掌握在能够使被绑扎的下部肢体动脉搏动稍微减弱为宜。绑扎后每隔30分钟左右松解一次,每次1~2分钟,以免影响血液循环造成组织坏死。

③迅速排除毒液。用手在伤口四周向伤口挤压,将含毒液的血液和淋巴液挤出。或用干净的小刀在伤口处做十字切口,然后用拔火罐或玻璃杯等代用品吸出毒液和血水。如无上述器具,也可用嘴吮吸伤口排毒,但吮吸者的口腔、嘴唇必须无破损、无龋齿,否则有中毒的危险。吸出的毒液随即吐掉,吸后要用清水漱

口;用温水清洗伤口,伤口外周涂抹蛇药;如果伤口内有毒牙残留,应迅速用小刀或碎玻璃片等其他尖锐物挑出,使用前最好用火烧一下消毒;有呼吸停止者应立即进行人工呼吸,并急送医院抢救。

（2）昆虫蜇伤

常见的昆虫蜇伤有蜂蜇、蜈蚣咬伤、蝎子蜇伤。

①蜂蜇。蜂蜇后局部有红肿、疼痛,有时有严重的全身症状。急救措施如下:第一,如有蜂蜇刺端在伤口内,可将其取出。第二,用氨水、碳酸氢钠（小苏打）或肥皂水洗敷伤口局部（黄蜂蜇伤则用醋洗）。全身症状重者处理方法与蛇咬伤相同。

②蜈蚣咬伤。蜈蚣咬伤局部有红、肿、热、痛,严重时会有恶心、呕吐、头晕等全身症状。急救措施如下:第一,立即用肥皂水、氨水或碳酸氢钠等碱性药物擦洗伤口并冷敷。第二,严重者伤口周围用 0.25% 普鲁卡因作封闭治疗。

（3）蝎子蜇伤

蝎子蜇伤的伤口有红肿和烧灼样痛,可有流涎、恶心、呕吐、嗜睡,有时可发生肌肉痉挛。儿童被蜇后,可因心脏和呼吸肌麻痹而死亡。急救措施如下:第一,急救处理与蛇咬伤相同;第二,局部用氨水或泡死蝎子的酒精涂擦;对疼痛剧烈者,可用 2% 普鲁卡因局部注射止痛。

（3）狗（猫）咬伤

被狗、猫、狼等动物咬伤,可能会染上狂犬病。狂犬病病毒存在于狂犬的唾液中,当人被狂犬（猫、狼）咬伤后,病毒进入伤口,循末梢神经到达脑部繁殖,再由脑到达涎（唾液）腺中。狂犬病的病毒从伤口进入血液后,潜伏期短则数天,长则达 30 年,常见为 50~60 天。狂犬病主要症状表现为:第一,局部症状:皮肤、黏膜有被狗等咬伤的牙痕或抓伤伤口。第二,全身症状:先有全身不适、流涎、感觉过敏,有恐怖感和恐水,以后转为狂躁,见

（听）到水即可发生强烈的喉肌痉挛和全身抽搐。少数人无恐水症，出现高热、头痛呕吐等症状。患者一般一周内因呼吸肌麻痹、心力衰竭而死亡。被狗、猫、狼等动物咬伤，应采取以下急救措施：

①争分夺秒处理伤口。不论伤口大小，也不管犬（猫）是否患有狂犬病，都要立刻认真处理伤口，可用清水、肥皂水、生理盐水、酒精等彻底清洗伤口，冲洗时间要20分钟以上，伤口不要包扎。不可用嘴吸或用手挤伤口。较大的伤口力争在2小时内到达医院处理。

②被咬（抓）伤后24小时内（到卫生防疫部门）注射狂犬病疫苗；头面部或上肢、躯干多处受伤者及明确被疯狗咬伤者，必须同时注射狂犬病免疫血清，不可延迟。

③尽快捕获伤人的猫、犬，避免其继续伤人；对伤人的猫、犬进行动物检疫并合理处置。

8.烫伤

发生烧烫伤后的最佳治疗方案是局部降温，凉水冲洗是最切实、最可行的方法，若在冷水中加些食盐或小苏打，效果更好。

冲洗的时间越早越好，且水温越低效果越好，但不能低于6℃。即使烧烫伤当时即已造成表皮脱落，也同样应以凉水冲洗，不要惧怕感染而不敢冲洗。冲洗时间可持续半小时左右，以脱离冷源后疼痛已显著减轻为准。

如果不能迅速接近水源，也可以用冰块、冰棍儿甚至冰箱里保存的冻猪肉冷敷。如采取的冷疗措施得当，可显著减轻局部渗出，挽救未完全毁损的组织细胞。若在到达医院之后才采取这一措施，在多数情况下已丧失了冷疗的最佳时机。

如果由于种种原因，在烫伤后没有采取急降温措施，但只要在45分钟内给予冷水浸泡，仍有减轻伤势的可能。

烫伤时，不可勉强脱掉衣服，应把水直接淋在衣服上，然后再脱掉,袖管可用剪刀剪开。充分的冷敷后,应以干净毛巾包裹患部送往医院。如果是手腕,应以毛巾把手吊在肩上;如果是脚,应抱起患者前往外科,不可自行涂药。

有人误传烫伤后不可用冷水刺激,否则能激起水泡。其实水泡是Ⅱ度烫伤的表现,若不用冷水降温,烫伤会发展到Ⅲ度,皮肉都烫熟了,当然不会起泡,还可能导致严重的坏死、感染、结疤、畸形及全身的症状,后果不堪设想。

轻度烫伤一般不需要去医院。用冷水浸泡创面之后再涂药,不必包扎,让创面尽可能暴露,保持干燥。这样可加快复原。但是如患者发烧,局部疼痛加剧,流脓,说明创面已感染发炎,应请医生处理。

对于酸、碱造成的化学性烧伤,早期处理也是以清水冲洗,且应以大量的流动清水冲洗,而不必一定要找到这种化学物质的中和剂。过早应用中和剂,会因为酸碱中和产热而加重局部组织损伤。

电烧伤可分为两类:一类是电弧引起的烧伤,处理方法与处理一般烧烫伤的方法相同;另一类是人体与电流接触引起的烧伤,这是真正的电烧伤,这类损伤通常较严重,在脱离电源后则应立即就医。

9.食物中毒

食物中毒是由吃了被病菌或病菌毒素污染的食物而引起的,其中也包括化学药物中毒。食物中毒有单发的也有群体的,轻者影响身体健康,重者甚至会危及生命。

(1)急救措施

一旦有人出现上吐、下泻、腹痛等食物中毒症状时,千万不要惊慌失措,应冷静地分析发病的原因,针对引起中毒的食物以及吃下去的时间长短,及时采取如下应急措施:

①催吐。如果进食的时间没超过2小时,可使用催吐的方法。

其一,用手指刺激咽喉部(抠喉咙),尽可能将胃里的食物吐出;其二,可取食盐 20 克,加温水 200 毫升,一次喝下,如不吐可多喝几次;其三,可用鲜生姜 50 克,捣碎取汁用 200 毫升温水冲服。

如果吃下去的是变质的荤性食品,则可服用"十滴水"来促使迅速呕吐。

②导泻。如果病人进食受污染的食物时间已超过 2~3 小时,但精神仍较好,则可服用泻药,促使受污染的食物尽快排出体外。一般用大黄 30 克一次煎服,老年患者可选用元明粉 20 克,用开水冲服,即可缓泻。体质较好的老年人,也可采用番泻叶 15 克,一次煎服或用开水冲服,也能达到导泻的目的。

③解毒。如果是吃了变质的鱼、虾、蟹等引起的食物中毒,可取食醋 100 毫升,加水 200 毫升,稀释后一次服下。此外,还可采用紫苏 30 克、生甘草 10 克一次煎服,或者用紫苏 30 克、生甘草 10 克一次煎服。

若是误食了变质的防腐剂或饮料,最好的急救方法是用鲜牛奶或其他含蛋白质的饮料灌服。

如果经上述急救,症状未见好转,或中毒较重者,要立即到附近正规的医疗机构进行救治,不可自行乱服药物,以免延误病情。在治疗过程中,要给病人以良好的护理,尽量使其安静,避免精神紧张;病人应注意休息,防止受凉,同时补充足量的淡盐开水。

同时,一旦发生食物中毒,应立即停止食用可疑食品,及时向当地卫生行政部门报告,并妥善保存可疑食品或病人排泄物及相关票据,以备有关部门及时查处。

(2)预防措施

①个人要养成良好的卫生习惯,养成饭前、便后洗手的卫生习惯。外出不便洗手时一定要用酒精棉或消毒餐巾擦手。

②餐具要卫生,每个人要有自己的专用餐具,饭后将餐具洗干

净存放在一个干净的塑料袋内或纱布袋内。

③饮食要卫生，生吃的蔬菜、瓜果、梨桃之类的食物一定要洗净皮。不要吃隔夜变味的饭菜。不要食用腐烂变质的食物和病死的禽、畜肉。剩饭菜食用前一定要热透。

④生、熟食品要分开，切生、熟食品的刀和砧板也要分开。切过生食的刀和砧板要及时清洗干净。

第四章 重点行业基本安全要求及应急处置知识

一、建筑施工安全常识

随着我国经济的不断发展,基础建设投资规模迅速增大,建筑业也日渐兴旺,成为继工业、农业、贸易之后的第四支柱产业。但同时,建筑工人生产安全事故起数和死亡人数也居高不下,建筑业成为伤亡事故较多的行业之一。建筑施工安全事故主要有高处坠落、坍塌、触电、物体打击、机械伤害5类,而以高处坠落居多,且事故绝大多数为责任事故,其中,从业人员素质不高、违章操作是造成事故的重要原因之一。

(一)建筑工人安全职责

履行安全职责,是减少安全事故、保障建筑从业人员安全的重要措施之一。作为建筑工人,应认真履行以下职责:

(1)牢记"安全生产,人人有责",树立"安全第一"的思想,积极参加安全活动,接受安全教育。

(2)认真学习和掌握本工种的安全操作规程及有关安全知识,自觉遵守安全生产的各项制度,听从安全人员的指导,做到不违章冒险作业。

(3)正确使用防护用品和安全设施,爱护安全标志,服从分配,坚守岗位,不随便开动他人使用操作的机械和电气设备,不无证进行特殊作业,严格遵守岗位责任制和安全操作规程。

(4)发生事故或未遂事故,立即向班组长报告,参加事故分析,吸取事故教训,积极提出促进安全生产、改善劳动条件的合理化建议。

(5)有权越级报告有关违反安全生产的一切情况。遇有危及人身安全而无保证措施的作业,有权拒绝施工,同时立即报告或越级报告有关部门。

(二)土方工程安全常识

土方工程作业是指通过人工或机械施工挖出基坑或基槽及土方回填的过程,其典型事故主要是土方坍塌,基坑支护边坡失稳坍塌,以及深基坑周边防护不严而发生高处坠落事故。在进行上述作业时,为确保安全,施工人员应遵守下列安全操作规则:

1.准备工作

(1)深基坑施工前,作业人员必须按照施工组织设计及施工方案组织施工。

(2)深基坑施工前,必须掌握场地的工程环境,如了解建筑地块及其附近的地下管线、地下埋设物的位置、深度等。

(3)根据土方工程开挖深度和工程量的大小,选择机械和人工挖土或机械挖土方案。

2.开挖时的注意事项

(1)如开挖的基坑(槽)比邻近建筑物基础深时,开挖应保持一定的距离和坡度,以免在施工时影响邻近建筑物的稳定,如不能满足要求,应采取边坡支撑加固措施。同时在施工中进行沉降和位移观测。

(2)弃土应及时运出,如需要临时堆土,或留作回填土,堆土坡脚至边坡距离应按挖坑深度、边坡坡度和土的类别确定,在边坡支护设计时应考虑堆上附加的侧压力。

(3)为防止基坑底的土被扰动,基坑挖好后要尽量减少暴露的时间,及时进行下一道工序的施工。如不能立即进行下一道工序,要预留15~30厘米厚土覆盖上层,待基础施工时再挖去。

（4）土方开挖及地下工程要尽可能避开雨季施工,当地下水位较高、开挖土方较深时,应尽可能在枯水期施工,尽量避免在水位以下进行土方工程。

（5）不能避开雨季时,在雨期深基坑施工中,必须注意排除地面雨水,防止倒流入基坑;同时注意雨水的渗入,土体强度降低,土压力加大造成基坑边坡坍塌事故。

（6）基坑内必须设置明沟和集水井,以排除暴雨突然而来的明水。

（7）为防止基坑浸泡,除做好排水沟外,要在坑四周做挡水堤,防止地面水流入坑内,坑内要做排水沟、集水井以利抽水。

（8）开挖低于地下水位的基坑(槽)、管沟和其他挖土时,应根据当地工程地质资料、挖方深度和尺寸,选用集水坑或井点降水。

（9）施工道路与基坑边的距离应满足要求,以免对坑壁产生扰动。

（10）深基坑四周必须设置两道1.2米高的防护围栏,防护围栏应牢固可靠,底部一道应设置踢脚板,以防落物伤人。

（11）深基坑作业时,必须合理设置上下行人扶梯或其他形式通道,扶梯结构牢固,确保人员上下方便。

（12）基坑内照明必须使用36V以下安全电压,线路架设符合施工用电规范要求。

（13）基坑作业时,土质较差且施工工期较长的基坑,边坡宜采用钢丝网、水泥或其他材料进行护坡。

（三）人工挖孔桩作业安全常识

人工挖孔桩是指采用人工挖成井孔,然后往孔内浇灌混凝土成桩载重,主要用于高层建筑和重型构筑物,一般孔径在1.2~3米,孔深在5~30米。人工挖孔桩工程常见的事故有:作业人员从作业面坠落井孔内;挖孔过程出现流砂、孔壁坍塌;孔口石块或杂物掉入孔口砸伤正在孔中的施工人员;孔内缺氧、有毒有害气体对

人体造成重大害。施工人员在进行人工挖孔桩作业时,应遵守下列安全操作规则:

(1)严格施工队伍管理,施工人员必须经过安全培训,严格按施工方案进行。

(2)施工现场必须备有氧气瓶、气体检测仪器。

(3)施工人员下孔前,先向孔内送风,并检测确认无误,才允许下孔作业。

(4)施工所用的电气设备必须加装漏电保护器,孔下施工照明必须使用24V以下安全电压。

(5)采用混凝土护壁时,必须挖一节,打一节,不准漏打。

(6)孔下人员作业时,孔上必须设专人监护,监护人员不准擅离职守,保持上下通话联系。

(7)发现情况异常,如地下水、黑土层和有害气味等,必须立即停止作业,撤离危险区,不准冒险作业。

(8)每个桩孔口必须备有孔口盖,完工或下班时必须将孔盖盖好。

(9)作业人员不得乘吊桶上下,必须另配钢丝绳及滑轮,并设有断绳保护装置。

(10)挖孔作业人员在施工前必须穿长筒绝缘鞋,头戴安全帽,腰系安全带,井下设置安全绳。

(11)井口周边必须设置不少于周边3/4的围栏,护栏高度不低于80厘米,护栏外挂密目网。

(12)作业人员严禁酒后作业,不准在孔内吸烟,不准带火源下孔。

(13)井孔挖出的土方必须及时运走,孔口周围1米内禁止堆放泥土、杂物,堆土应在孔井边1.5米以外。

(14)井下操作人员应轮换工作,连续工作不宜超过4小时。

(15)井孔挖至5米以下时,必须设置半圆防护板,遇到起吊大块石时,孔内人员应先撤至地面。

(四)基础工程施工爆破作业安全常识

在基础工程施工中,常会遇到顽石或岩石等需要爆破作业来解决。爆破施工危险大。导致爆破工程事故的原因主要有:对爆破材料的品种和特性以及运输与贮存情况不了解,导致装卸、搬运不当引起爆炸造成伤害;对引爆材料的选择及其引爆方法等不了解或使用不当造成爆炸。从事该作业应遵守下列安全操作规则:

1.一般操作规则

(1)具有爆破资格的单位才有资格从事爆破工程。爆破工程施工前,施工方案必须报有关部门审批后才能实施。

(2)爆破工程应由具有资格的特种操作人员操作,从事配合工作的辅助工不能从事装药、引爆等工作。

(3)实施爆破时,放炮区要设置警戒线,设专人负责指挥,待装药堵塞完毕,按规定发出信号,经检查无误后,方准放炮。

(4)在地面以上构筑物或基础爆破时,可在爆破部位上铺盖草垫和草袋(内装少量砂土),作为第一防护线,最后再用帆布将以上两层整个覆盖,胶帘(垫)和帆布应用钢丝或绳索拉捆牢。

(5)对附近建筑物的地下顽石或岩石基础爆破,为防止大块抛掷爆破体,应采用橡胶防护垫防护。

(6)对邻近建筑物的地下顽石或岩石基础爆破时,为在爆破时使周围的建筑物不被打坏,也可在其周围用厚度不小于50毫米的坚固木板加以防护,并用钢丝捆牢,与炮孔距离不小于500毫米。如果爆破体靠近钢结构或需保留的部分,必须用砂袋(厚度不小于500毫米)加以防护。

2.爆破作业注意事项

(1)严禁边打眼,边装药,边放炮。

(2)装药只准许使用木、竹制的炮棍。

(3)装有雷管的起爆药包禁止冲击和猛力挤压,禁止从起爆药包中拔出或拉动导火索、电雷管脚线及导爆索。

(4)在浓雾、闪电雷雨和黑夜时,不得进行露天爆破作业。

(5)进行爆破时,应同时使用音响及视觉两种信号,并进行通告,使附近有关人员均能准确识别。只有在完成警戒布置并确认安全检查无误后才可发布起爆信号。在一个地区同时有几个场地进行爆破行业时,应统一指挥,统一行动。

(6)爆破后必须及时检查爆破效果。采用火花起爆时应指定专人计算响炮数量,最后一炮响后不小于20分钟才允许进入爆破区内检查。采用电力或导爆索起爆时,炮响后应立即切断电源,待炮烟消散后,方可进入爆破区内检查。

(7)爆破后,不论眼底有无残药品,不得打残眼。

3.瞎炮处理的安全措施

处理瞎炮必须及时,应设立警戒区和明显的危险标志,禁止无关人员在附近做其他工作。

(1)炮眼法瞎炮处理应遵守下列规定:

①如果炮眼外的导火索、雷管脚线经检查完好时,可以重新起爆。

②可用木制工具掏出堵塞物,另装起爆药包重新起爆,或采用聚能穴药包诱爆瞎炮。严禁掏出或拉出起爆药包。

③采用铜制吹风管法处理瞎炮(压缩空气压力不得大于3kg/cm^2),此法使用要特别慎重。

④重新钻平行眼孔装药起爆时,新炮眼距离原炮眼不得小于0.4米。

⑤对硝铵类炸药可用水冲灌炮眼,使炸药失去爆炸能力,并将拒爆的雷管销毁。

(2)深眼法瞎炮处理应遵守下列规定:

①由于外部爆破网路破坏造成的瞎炮,检查最小抵抗线变化不大时,可重新联线起爆。如果最小抵抗线变化较大,应加大危险

警戒范围,在确保安全的前提下方可进行联线起爆。

②重新起爆时,新炮眼距离原炮眼应不小于2米。

③如果采用导爆索起爆硝铵类炸药时,可以用机械清除附近岩石,取出瞎炮中的炸药。

④采取硝铵类炸药时,如孔壁完好,可取出部分填塞物向孔内灌水,使所用炸药失效。

(五)附着升降脚手架安全常识

附着升降脚手架是指通过附着于建筑物,依靠自身提升设备实现架体升降,满足施工需要的一种悬空脚手架。附着升降脚手架是用于高层建筑的外脚手架,作为一种高空施工设施,万一出现坠落意外,容易造成群死群伤事故。

1.附着升降脚手架作业安全常识

(1)附着升降脚手架的安装及升降作业人员属特种作业人员,必须经过专业培训及专业考试,合格后持证上岗。

(2)附着升降脚手架的施工人员,上岗前须接受安全教育,避免出现违章蛮干现象。

(3)附着升降脚手架属高危险作业,在安装、升降、拆除时,应划定安全警戒范围,并设专人监督检查。

(4)脚手架升降时人员不能站在脚手架上面,升降到位后也不能立即上人,必须把脚手架固定可靠,并达到上人作业的条件方可上人。

(5)附着升降脚手架搭设完毕或升降完毕后,应进行整体验收,特别是防坠、防倾装置必须灵敏可靠、齐全。

(6)脚手架升降过程要有专人指挥、协调。施工时,脚手架严禁超载,物料堆放要均匀,人员不要太集中,避免荷载过于集中。

(7)脚手架每层必须满铺脚手板和踢脚板,架子外侧应全封闭防护立网,作业层架体与墙之间空隙必须封严,特别是最底部作业层,宜采用活动翻板,以防止落人落物。

（8）在脚手架上作业时,应注意随时清理堆放、掉落在架子上的材料,保持架面上规整清洁,不要乱放材料、工具,以免坠落伤人。

2.搭设脚手架的基本要求

（1）要有足够的牢固性和稳定性,保证施工期间在所规定的荷载和气候条件作用下,不产生变形、倾斜和摇晃。

（2）要有足够的使用面积,满足堆料、运输、操作和行走的要求。

（3）构造要简单,搭设、拆除和搬运要方便。

（4）高层建筑施工的脚手架若高出周围建筑物时,应防雷击。若在相邻建筑物或构筑物防雷装置保护范围以外,应安装防雷装置。

3.脚手架拆除的安全常识

（1）工程施工完毕经全面检查,确认不再需要架子时,经工程负责人签证后,方可进行拆除。

（2）拆架子,应设警戒区和醒目标志,有专人负责警戒;架上的材料,杂物等应消除干净;架子若有松动或危险的部位,应予以先行加固,再进行拆除。

（3）拆除顺序应遵循"自上而下,后装的构件先拆、先装的后拆,一步一清"的原则,依次进行。不得上下同时拆除作业,严禁用踏步式、分段、分立面拆除法。若确因装饰等特殊需要保留某立面脚手架时,应在该立面架子开口两端随其立面进度（不超过两步架）及时设置与建筑物拉结牢固的横向支撑。

（4）拆下的杆件、脚手板、安全网等应用竖直运输设备运至地面,严禁从高处向下抛掷。

（5）运到地面的杆件、扣件等物件应及时按品种、分规格堆放整齐,妥善保管。

（六）建筑机械设备安全常识

1.塔吊作业安全常识

（1）作业前,必须对工作现场周围环境、行驶道路、架空电线、建筑物以及构件重量和分布等情况进行全面了解。

（2）塔吊不得靠近架空输电线路作业，如限于现场条件，在线路旁作业时，必须采取安全保护措施。塔吊与架空输电导线的安全距离应符合规定。

（3）塔吊吊运作业区域内严禁无关人员入内，吊臂垂直下方不准站人，回转作业区内固定作业点要有双层防护棚。

（4）风力达到四级以上时不得进行顶升、安装、拆卸作业。顶升前必须检查液压顶升系统各部件连接情况。顶升时严禁回转臂杆和其他作业。

（5）塔吊吊运过程中，任何人不准上下塔吊，更不准作业人员随塔吊吊物上下。

（6）要切实做到起重机"十不吊"。即：

①超载或被吊物重量不清不准吊；

②指挥信号不明确不准吊；

③捆绑、吊挂不牢或不平衡可能引起吊盘滑动不准吊；

④被吊物上有人或浮置物不准吊；

⑤结构或零部件有影响安全的缺陷或损伤不准吊；

⑥斜拉歪吊和埋入地下物不准吊；

⑦单根钢丝绳不准吊；

⑧工作场地光线昏暗，无法看清场地被吊物和指挥信号不准吊；

⑨重物棱角处与捆绑钢丝绳之前未加衬垫不准吊；

⑩易燃易爆物品不准吊。

（7）作业人员必须听从指挥人员的指挥。吊物提升前，指挥、司索和配合人员应撤离，防止吊物坠落伤人。

（8）吊物的捆绑要求：

①吊运散件时，应采用铁制料斗，料斗内装物高度不得超过料斗上口边，散粒状的轻浮易撒物盛装高度应低于上口边线10厘米，做到吊点牢固，不撒漏。

②吊运条状的物件（如钢筋）时，所吊物件被埋置或起吊力不

能明确判断时,不得吊运,且不得斜拉所吊物件;

③吊运有棱角的物件时,应做好防护措施;

④吊运物件时,吊运物重量应清楚,不得超载,且要捆绑,吊挂牢固、平衡,吊运物件上不得站人或有浮置物;

⑤当起重机或周围确认无人时,才可闭合主电源。如电源断路装置上加锁或有标牌时,应由有关人员除掉后方可闭合主电源。

(9)遇有六级以上大风或大雨、大雪、大雾等恶劣天气时,应停止塔吊露天作业。在雨雪过后或雨雪中作业时,应先经过试吊,确认制动器灵敏可靠后方可进行作业。

(10)在起吊载荷达到塔吊额定起重量的90%及以上时,应先将重物吊起离地面20~50厘米停止提升进行下列检查:起重机的稳定性、制动器的可靠性、重物的平稳性、绑扎的牢固性。确认无误后方可继续起吊。对于有可能晃动的重物,必须拴拉绳。

(11)重物提升和降落速度要均匀,严禁忽快忽慢和突然制动。左右回转动作要平稳,当回转未停稳前不得作反向动作。非重力下降式塔吊,严禁带载自由下降。

2.施工电梯使用安全常识

(1)电梯必须经由培训考核取得《特种作业操作证》的专职电梯司机操作,禁止无证人员随意操作。司机要身体健康,无心脏病、高血压、精神病、深度近视和其他慢性疾病。

(2)电梯应按规定单独安装接地保护和避雷装置。

(3)电梯安装完毕正式投入使用之前,应在首层一定高度的地方搭设防护棚,搭设应按高处作业规范要求进行。

(4)电梯运行前应做好下列检查工作。

①仔细阅读上一班司机写的运转记录,以便了解机械状况;

②检查电器控制箱看电源开关是否在零位、电路是否正常;

③检查电梯的技术状况(如:立柱导轨架附墙支撑的螺栓连接是否可靠,梯笼、平衡重装置在运行范围内的绳轮系统是否有障

碍,钢索与夹具的联系是否松动,轮齿条啮合、滚导轮与立柱之间间隙是否正常,检查电缆导向上下、安全保护开关以及电磁制动器是否灵敏可靠,在传动机械运转时是否有噪声以及有异常声响,门的开启关闭电锁状况是否良好等)。

(5)电梯每班首次运行时,应空载及满载试运行,将梯笼升离地面1米左右停车,检查制动器灵敏性,确认正常后方可投入运行。

(6)限速器、制动器等安全装置必须由专人管理,并按规定进行调试检查,保持灵敏可靠。

(7)六级以上强风时应停止使用电梯,并将梯笼降到底层。台风、大雨后,要先检查安全情况后才能使用。

(8)多层施工交叉作业,同时使用电梯时,要明确联络信号。

(9)电梯笼乘人、载物时应使荷载均匀分布,严禁超载使用。

(10)电梯底笼周围2.5米范围内,必须设置稳固的防护栏杆。各停靠层的过道口运输通道应平整牢固。

(11)通道口处,应安装牢固可靠的栏杆和安全门,并应随时关好。其他周边各处,应用栏杆和立网等材料封闭。

(12)乘笼到达作业层时待梯笼停稳后,才可推开梯笼的门,再推开平台口的防护门,进入平台后,随手关好平台的防护门。

(13)从平台乘梯时,进入梯笼站稳后,先关好平台的安全防护门,然后才关梯笼的门,关好平台的安全门后,司机才能开动。

(14)乘梯人在停靠层等候电梯时,应站在建筑物内,不得聚集在通道平台上,不得将头手伸出栏杆和安全门外,不得以榔头、铁件、混凝土块等敲击电梯立柱标准节的方式呼叫电梯。

(15)电梯运行至最上层和最下层时仍要操纵按钮,严禁以行程限位开关自动碰撞的方法停车。

(16)当电梯未切断总电源开关前,司机不能离开操纵岗位。作业后,将电梯降到底层,各控制开关扳至零位,切断电源,锁好闸箱和梯门。

3.井字架使用安全常识

（1）卷扬机作业人员须经培训，熟悉井字架和卷扬机技术性能、机械性能、安全知识和管理制度，考核合格后，持证上岗，禁止非司机操作开动卷扬机。

（2）操作前必须认真检查卷扬制动、升高限位、停层、防断绳、联络信号等十二项安全装置是否灵敏有效，钢丝绳是否完好，井架垂直度是否符合要求，传动位的钢丝绳不准有接头，缆风绳或架体与结构拉结是否牢固，并空载试运行，确认各类安全装置安全可靠后方能投入工作。

（3）井架各层联络要有明确信号和楼层标记，使用对讲机时，防止多层信号干扰，信号不清不得开机，防止误操作。但作业中，不论任何人发出紧急停机信号，应立即执行。

（4）井字架用于运送物料，严禁各类人员乘吊盘升降，装卸料人员在安全装置可靠的情况下才能进入到吊盘内工作。

（5）吊盘上升或停在上方时，禁止进行井架内检修，禁止穿过吊盘底。

（6）在井字架提升作业环境下，任何人不得攀登架体和从架体下面穿过。

（7）在用井架吊运砂浆时，应使用料斗，并放置平稳。若用小斗车直接置于吊盘内装运，则必须设置能将斗车车轮进行制动的装置，且斗车把手及车头不能伸出吊盘边框，并应保持离吊盘外边框20厘米距离，以防止吊运时斗车发生位移。

（8）楼层平台作业口的作业人员，在等待吊盘到达期间，应站离平台口内侧50厘米处，严禁在平台内探头观望，以免发生意外。

（9）遇六级及以上大风或大雨时，应停止作业。

（10）发生故障或停电，必须采用按动卷扬机刹车吸铁慢速地将吊笼放回地面。

（11）卷扬机放尽钢丝绳时必须保持不少于三圈在卷筒上，上升吊笼收卷钢丝绳应保持排列整齐。运行中严禁用手或脚去调整排列或检修、保养。

（12）井架在运转中，不得进行任何维修保养、调整工作。

（13）作业完毕后应切断电源，锁好操纵箱，关闭总电源，盖好防护罩。

（14）夜间工作时，工作场地应有足够照明装置。

（15）做好清洁、润滑保养工作。

（四）起重吊装安全常识

（参见本书第三章第五部分内容）

二、矿产开采安全常识

（一）凿岩工安全技术操作规程

凿岩是地下矿山开采工作的一道重要工序，它是为后续爆破、采矿、运输、提升服务的，凿岩工作的好坏不仅直接关系到采矿工作的效率，更重要的是关系到安全生产的重大问题，因此，凿岩工必须严格遵守下述安全操作规程。

1. 准备工作

（1）检查工作面一般情况，要求局扇正常开动，通风良好，照明充足，否则不得进入作业面。

（2）检查作业面是否有松石，并将松石撬尽。

（3）检查支柱、梯子、平台是否牢固，如有倾斜、断裂、松动现象，应修复，不能修复时，应向当班管理人员汇报，处理好后才能凿岩作业。

（4）检查有无中、腰线；无中、腰线又不清楚工作面作业方位、规格时不得进行凿岩作业。

2. 作业安全要求

（1）钻工与助手密切配合，要做到"六不准"

①不准用全风开门子凿眼。

②不准在松石上打眼。

③不准全身压在钻机上凿岩

④不准在钻机下面穿行。

⑤不准打残眼和在岩石的裂缝中打眼。

⑥不准干式凿岩。

(2)工作面有瞎炮时,禁止打眼。要由爆破工处理残炮,未经处理不得进行作业。

(3)发现受凿岩石震动后,顶帮掉碴要立即停止作业,查明情况,处理安全后方准继续作业。

(4)要按照确定的中、腰线和岩石硬度,同炮工合理布置炮眼,保证施工质量。

(5)要从外向里清洗距掌子面10～15米巷道,开钻时严格按先开水、后开风;停钻时,先停风、后停水的顺序进行操作。

(6)要采用集中自动注油器注油,不得往风绳和排气口灌注油。

(7)要站在钻机的侧面,由钻工采用强行退出钎杆法处理卡钎,不能用敲打钎杆法处理卡钎,助手不得将手放在钻机下面,以防伤人。

(8)要在溜矿格一侧布置天井掏槽眼。

(9)要经常检查钻机各部件,保持钻机正常运转,杜绝跑风、漏水。

(10)发现受凿岩石震动后,顶帮掉碴要立即停止作业,查明情况,处理安全后方准继续作业。

(11)发现炮眼在大量涌水时,不能拨出钎杆,并报告领导及时处理。

(12)进入工作面后发现有辣眼、刺鼻或头昏的感觉,要立即撤离,严防炮烟中毒。

(13)撬顶时,人员要站好位置,防止浮石脱落伤人,并且要防止人员堕落。

3.下班时的清理工作

下班时,要做好工具、备件、材料的清理工作,卷好风、水绳,收好钻机和钎杆。

(二)爆破工安全技术操作规程

(参见本书第四章第一部分(四))

(三)井下运输工安全技术操作规程

(1)上班前必须对车辆全面检查是否运行正常,确保车辆设备正常后方能进行运输作业。

(2)制动与照明不正常的车辆严禁入井。

(3)行车时要注意前后左右是否有人员或障碍,防止碰撞伤人,与行人相遇应让行人先通过。

(4)要检查车上所装的矿、碴是否牢固、超高、超宽,有掉落在巷道的矿岩须及时清理。

(5)矿岩应按指定地点排卸,严禁随意乱卸。

(6)严禁矿碴与人员混装。

(7)露天行走时应遵守《道路交通管理条例》,要限速慢行,注意行人安全。

(8)井下行走车辆交汇时,距避车道近的车辆先避让于避车道内,待对方通过方可通行。

(9)严禁恶意堵占车道。

(四)装矿(碴)工安全操作规程

(1)作业前必须保证工作面有良好的照明和通风条件,检查好顶板、边帮,确认安全后方作业。

(2)装矿(碴)时应先用水冲喷矿碴,发现辣眼、头昏要立即撤离,严防炮烟中毒。

(3)注意上下前后左右是否有人员和障碍物,防止碰撞伤人。

（4）使用大锤破大块矿石时，要先检查锤柄是否牢固完好，其他人员要离开危险区，以防飞石伤人。

（5）工作面有瞎炮要通知爆破工及时处理，避炮时要到安全区，在正常通风的情况下，最后炮 15 分钟后方准进入工作面。

（五）井下电工安全操作规程

（1）井下电工应对井下的用电安全负主要责任，应保证各作业工作面有足够的照明。

（2）井下电工应经常检查电气设备和线路、电缆的绝缘情况，发现问题应立即处理。

（3）电气设备的外壳不准随便拆除，其外壳和风水管等应有接地装置，对接地保护的情况应定期进行检查。

（4）380 伏以上的电路禁止带电作业，禁止湿手、赤脚操作电气设备。

（5）禁止使用不合格的保险丝。

（6）检修高压电气时不得少于二人，一人检修，一人监护，监护人员要负主要责任。

（7）操作高压电气时要正确使用符合耐压要求的绝缘手套、绝缘鞋、绝缘棒，并有监护人员现场监护。

（8）配电盘应安装在干燥、无滴水的地方，以保证有良好的绝缘。

（9）电线和风水管应错开安装，不得缠混在一起。

（10）动力、照明线路应吊挂整齐，接头可靠，绝缘良好。

（11）电缆应按下述要求管理

①井下电缆要有明显标志。

②电缆同电器设备的连接，必须用符合电器性能的矿用防爆设备。

③热补后的电缆，必须经浸水耐压试验，合格方可使用。

④严禁井下电缆线路中出现"鸡爪子"、"羊尾巴"、明接头。

⑤电缆应悬挂整齐,并有一定高度,符合规定。

⑥不用的电缆应及时拆除、回收。

⑥更换支架时,必须保护电缆不受机械力破坏。

(12)在停电检修线路或设备时应在所检查线路或设备的电源开关上挂上警牌,以防发生触电事故。

(13)电气设备的线路安装、维护应符合国家有关规定或设计要求。

(六)矿工自救和互救

井下不仅要知道怎样防止和排除事故,还应当了解和掌握在发生事故时如何正确而又迅速地进行自救和互救,使自己和其他人员能安然脱险得救。常见的自救与互救措施主要有:

(1)出现事故时,在场人员一定要头脑清醒、沉着、冷静,要尽量了解判断事故发生地点、性质、灾害程度和可能波及的地点,迅速向矿调度室报告。

(2)在保证人员安全的条件下,利用附近的设备、工具和材料及时处理,消灭事故,当确无法处理时,就应由在场的负责人或有经验的老工人带领,根据灾害地点的实际情况,选择安全路线迅速撤离危险区域。撤离时,不要惊慌失措、大喊大叫、四处乱跑。

(3)当井下发生火灾、瓦斯和煤尘爆炸、煤与瓦斯或二氧化碳突出等灾害时,井下人员应立即佩戴自救器脱险,免于中毒或窒息而死亡。自救器有过滤式和隔离式两种。过滤式自救器实际是一种小型的防毒面具,它能吸收空气中的一氧化碳;隔离式自救器则是一种小型的氧气呼吸器,它能利用自救器内部配备的化学药品,通过化学反应产生氧气,供佩戴人呼吸。

佩戴过滤式自救器时,左手握住外壳下底,右手掀起红色开启扳手,扯开封口带,去掉外壳上盖,将药缸从外壳中取出。然后从口具上拉开鼻夹,把口具片塞进嘴内,咬住牙垫,但嘴唇必须紧贴口具,用鼻夹夹住鼻子。取下矿帽,把头带套在头顶上,再戴上矿帽用嘴呼吸。

三、危险化学品安全常识

(一)危险化学品的概念及类型划分

1. 危险化学品的概念

危险化学品是指具有爆炸、易燃、腐蚀、放射性等性质,在生产、经营、储存、运输、使用和废弃物处置过程中,容易造成人身伤亡和财产损毁而需要特别防护的化学品。

2. 化学品危险性类别的划分

《常用危险化学品分类及标志》(GB/13690—1992)将危险化学品分为8类。分别是:第1类,爆炸品;第2类,压缩气体和液化气体;第3类,易燃液体;第4类,易燃固体、自燃物品和遇湿易燃物品;第5类,氧化剂和有机过氧化物;第6类,毒害品和感染性物品;第7类,放射性物品;第8类,腐蚀品。

(二)危险化学品的主要危险特性

1. 燃烧性

爆炸品、压缩气体和液化气体中的可燃性气体、易燃液体、易燃固体、自燃物品和遇湿易燃物品、有机过氧化物等,在条件具备时均可能发生燃烧。

2. 爆炸性

爆炸品、压缩气体和液化气体、易燃液体、易燃固体、自燃物品和遇湿易燃物品、氧化剂和有机过氧化物等危险化学品均可能由于其化学性和易燃性引发爆炸事故。

3. 毒害性

许多危险化学品可通过一种或多种途径进入人体和动物体内,当其在人体积累达到一定量时,便会扰乱或破坏肌体的正常生理功能,引起暂时性和持久性的病理改变,甚至危及生命。

4. 腐蚀性

强酸、强碱等物质能对人体组织、金属等物品造成损坏,接触人的皮肤、眼睛或肺部、食道等时,会引起表皮组织发生破坏作用而造成灼伤。内部器官被灼伤后可引起炎症,甚至会造成死亡。

5. 放射性

放射性危险化学品通过放出的射线可阻碍和伤害人体细胞活动机能并导致细胞死亡。

(三)危险化学品燃烧爆炸事故的类型和发展过程

1. 燃烧爆炸的分类

危险化学品的燃烧按其要素构成的条件和瞬间发生的特点,可分为闪燃、着火和自燃三种类型。危险化学品的爆炸可按爆炸反应物质分为简单分解爆炸、复杂分解爆炸和爆炸性混合物爆炸。

(1)闪燃。在一定温度下,可燃性液体(包括少量可直接气化的固体,如萘、樟脑等)蒸气与空气混合后,达到一定浓度时,遇点火源产生的一闪即灭的燃烧现象,叫做闪燃。闪燃现象的产生,是因为可燃性液体在闪燃温度下,蒸发速度不快,蒸发出来的气体仅能维持一刹那的燃烧,而来不及补充新的蒸气以维持稳定的燃烧,故燃一下就灭。

可燃性液体产生闪燃现象的最低温度就称为闪点。

(2)着火。可燃物质在与空气共存的条件下,遇到比其自燃点高的点火源便开始燃烧,并在点火源移开后仍能继续燃烧。这种持续燃烧的现象叫做着火。这是日常生活、生产中常见的燃烧现象,如用火柴点煤气,就会着火。

可燃物质开始着火所需要的最低温度,叫做燃点。

(3)自燃。可燃物在没有外部火花、火焰等点火源的作用下,因受热或自身发热并蓄热而发生的自然燃烧现象,叫做自燃。自燃现象按热的来源不同,又分为受热自燃和自热自燃。

可燃物虽未与明火接触,但在外界热源的作用下,使温度达到自燃点而发生的自燃现象,叫做受热自燃。如在生产中,可燃物质如果接触高温设备、管道,受到加热就可能导致自燃。

某些可燃物在没有外界热源的作用下,由于物质本身发生物理、化学或生物化学变化而产生热量,这些热量在一定的条件下会积蓄,使物质的温度达到并超过自燃点所发生的自燃现象,叫做自热自燃。如白磷遇空气所发生的自燃就属于此类。

使可燃物发生自燃的最低温度叫做自燃点。

(4) 简单分解爆炸。引起简单分解的爆炸物,在爆炸时并不一定发生燃烧反应,其爆炸所需要的热量是由爆炸物本身分解产生的。属于这一类的有乙炔银、叠氮铅等,这类物质受轻微震动即可能引起爆炸,十分危险。此外,还有些可爆气体在一定条件下,特别是在受压情况下,能发生简单分解爆炸。例如乙炔、环氧乙烷等在压力下的分解爆炸。

(5)复杂分解爆炸。这类可爆物的危险性较简单分解爆炸物稍低。其爆炸时伴有燃烧现象,燃烧所需的氧由本身分解产生。例如梯恩梯、黑索金等。

(6) 爆炸性混合物爆炸。所有可燃性气体、蒸气、液体雾滴及粉尘与空气(氧)的混合物发生的爆炸均属此类。这类混合物的爆炸需要一定的条件,如混合物中可燃物浓度、含氧量及点火能量等。实际上,这类爆炸就是可燃物与助燃物按一定比例混合后遇点火源发生的带有冲击力的快速燃烧。

2. 典型事故发展过程

(1)燃烧。除了一些熔点较高的无机固体外,可燃物质的燃烧一般是在气相中进行的。由于可燃物质的状态不同,其燃烧过程也不相同。

相对于可燃固体和液体,可燃气体最易燃烧,燃烧所需的热量只用于本身的氧化分解,并使其达到着火点。气体在极短的时间内就能全部燃尽。

液体在点火源作用下,先蒸发成蒸气,而后氧化分解进行燃烧。

固体燃烧一般有两种情况:对于硫、磷等简单物质,受热时首先熔化,而后蒸发为蒸气进行燃烧,无分解过程;对于复合物质,受热时可能首先分解成其组成部分,生成气态和液态产物,而后气态产物和液态产物蒸汽着火燃烧。

(2)分解爆炸性气体爆炸。某些单一成分的气体,在一定的温度下对其施加一定压力时则会产生分解爆炸。这主要是由于物质的分解热的产生而引起的,产生分解爆炸并不需要助燃性气体存在。在高压下容易产生分解爆炸的气体,当压力低于某数值时则不会发生分解爆炸,这时的压力称为分解爆炸的临界压力。各种具有分解爆炸特性气体的临界压力是不同的,如乙炔分解爆炸的临界压力是 1.4mPa,其反应式如下:

$$C_2H_2 \rightarrow 2C(固) + H_2 + 226 \text{ kJ}$$

(3)粉尘爆炸。粉尘爆炸是悬浮在空气中的可燃性固体微粒接触到火焰(明火)或电火花等点火源时发生的爆炸。金属粉尘、煤粉、塑料粉尘、有机物粉尘、纤维粉尘及农副产品谷物面粉等都可能造成粉尘爆炸事故。

粉尘空气混合物产生爆炸的过程如下:

①热能加在粒子表面,温度逐渐上升。

②粒子表面的分子发生热分解或干馏作用,在粒子周围产生气体。

③产生的可燃气体与空气混合形成爆炸性混合气体,同时发生燃烧。

④由燃烧产生的热进一步促进粉尘分解,燃烧的传播,在适合条件下发生爆炸。

上述过程是在瞬间完成的。

粉尘爆炸的特点如下:

①粉尘爆炸的燃烧速度、爆炸压力均比混合气体爆炸小。

②粉尘爆炸多数为不完全燃烧,所以产生的一氧化碳等有毒物质较多。

③可产生爆炸的粉尘颗粒非常小,可作为气溶胶状态分散悬浮在空气中,不产生下沉。堆积的可燃性粉尘通常不会爆炸,但由于局部的爆炸、爆炸波的传播使堆积的粉尘受到扰动而飞扬,形成粉尘雾,从而产生二次、三次爆炸。

(4)蒸气云爆炸。可燃气体遇点火源被点燃后,若发生层流或近似层流燃烧,这种速度太低,不足以产生显著的爆炸超压,在这种条件下蒸气云仅仅是燃烧。在燃烧传播过程中,由于遇到障碍物或受到局部约束,引起局部紊流,火焰与火焰相互作用产生更高的体积燃烧速率,使膨胀流加剧,而这又使紊流更强,从而又能导致更高的体积燃烧速率,结果火焰传播速度不断提高,可达到层流燃烧的十几倍乃至几十倍,发生爆炸反应。

一般要发生带破坏性超压的蒸气云爆炸应具备以下几个条件:

①泄漏物必须可燃且具备适当的温度和压力条件。

②必须在点燃之前即扩散阶段形成一个足够大的云团,如果在一个工艺区域内发生泄漏,经过一段延迟时间形成云团后再点燃,则往往会产生剧烈的爆炸。

③产生的足够数量的云团处于该物质的爆炸极限范围内才能产生显著的超压。蒸气云团可分为三个区域:泄漏点周围是富集区,云团边缘是贫集区,介于两者之间的区域内的云团处于爆炸极限范围内。这部分蒸气云所占的比例取决于多种因素,包括泄漏物的种类和数量、泄漏时的压力、泄漏孔径的大小、云团受约束程度以及风速、湿度和其他环境条件。

(四)日常危险化学品安全管理常识

1.危险化学品的购买

危险化学品应在具有"危险化学品经营许可证"的商店购买,

购买时应向供货方索取"危险化学品安全技术说明书"和"安全标签",在说明书中应对危险化学品的标识、主要组成与性状、健康危害、急救措施、燃爆特性与消防、灭火方法、泄漏应急行动、操作处置注意事项、储运注意事项、防护措施、理化性质、稳定性和反应活性、毒理学资料、环境资料、废弃、运输信息和法规信息等16项内容予以详细说明。

若该商品无"危险化学品安全技术说明书",应向有关部门咨询,如危险化学品登记办公室。不得购买无厂家标志、无生产日期、无安全技术说明书和安全标签的"三无"危险化学品。

2. 危险化学品的储存

多数危险化学品的储存应在阴凉、干燥的地方,避免阳光直射。人们可参照"危险化学品安全技术说明书"中的储存要求进行储存。

另外,各种危险化学品不得混储混存,储存场所应远离火种和未成年人无法接触的地方。如各种药品、漂白水、油漆等应储存于儿童无法触摸的场所。

3. 危险化学品的运输

严禁私自携带危险化学品,危险化学品的运输应交由专业的运输部门。该运输部门应具有"危险化学品运输许可证"。如火车、汽车和飞机严禁携带危险化学品。

4. 危险化学品的使用

在使用过程中应详读该危险化学品的说明书,注意其危险特性、健康危害和应急措施。

例如:管道煤气或液化石油气在日常生活中应注意关牢阀门,注意使用场所的通风。

家庭装修中使用到的油漆、胶粘剂中因含有甲苯、二甲苯和甲醛等溶剂,它们不但属于易燃液体,同时还含有毒性。在装修场所应禁止吸烟和点火,装修后应注意室内通风。

5.危险化学品的报废处理

废弃的危险化学品应由专业单位和部门予以处置,人们应根据该类危险化学品的类别交由回收单位,严禁各类废弃危险化学品混放或私自处理。

例如:不得私自放空或者倾倒残液,应由供气厂家处理带有残液的气瓶和报废气瓶。不得将废弃的摩丝包装瓶、油漆罐、电池等投入火中燃烧处理。

(五)危险化学品事故应急措施

(1)发现危险化学品泄露等事故后应立即报告环保、安监部门,组织有关人员对泄漏现场进行处理,无关人员尽快撤离事故现场,情况严重的应立即向119报警。同时禁止启动现场车辆,阻止其他车辆进入现场。

(2)在开展危险化学品事故救援期间,如现场任何人出现中毒的可疑迹象或症状,应立即停止工作,进行紧急治疗,并视病情需要尽快护送到医院请医生诊治。

(3)现场发现中毒病人时,应根据危险化学品的特性、现场状况及症状,及时采取不同的临时救治措施,然后速送医院诊治。临时救治要点是:若皮肤接触,因立即脱去被污染的衣服和鞋,马上用大量的水冲掉皮肤上的化学品,至少冲洗15分钟以上;若有化学灼伤情况,按化学灼伤治疗要求进行治疗;若眼睛接触化学品,用大量清水冲洗眼睛至少15分钟以上;若病人为吸入性中毒,应立即将病人从污染的空气中转移到新鲜空气处,检查病人是否在呼吸以及有无脉搏,如无呼吸,应立即进行人工呼吸,若无脉搏,需进行心脏按摩;若病人为摄入中毒,视摄入化学品是否为腐蚀品决定是否可采用催吐法;神志不清时,不要给病人口服任何东西。

四、烟花爆竹安全常识

（一）烟花爆竹一般知识

1. 烟花爆竹产品的种类

按产品结构和燃放后的运动形式分为以下 14 类：喷花类、旋转类、升空类、旋转升空类、吐珠类、线香类、烟雾类、造型玩具类、摩擦类、小礼花类、礼花弹类、架子烟花、爆竹类、组合烟花（由多个单筒组合而成的烟花产品）。

2. 几种主要类型产品的性能要求

（1）升空性产品发射高度。各类升空产品不得出现低炸和火险。升空性产品最低发射高度应 A 级≥50 米；B 级≥30 米；C 级≥10 米。

（2）旋转类产品的允许飞离地面高度和旋转直径范围。旋转类产品的允许飞离地面高度应≤0.5 米；旋转直径范围应≤2 米。

（3）造型玩具类产品燃放时其行走距离。合格的造型玩具类产品燃放时，其行走距离应≤2 米。

（4）线香类产品燃放效果。线香类产品燃放时不得爆燃或火星落地（燃放高度＞1.0 米）。

3. 烟花爆竹销售网点的基本要求

（1）应当注明销售产品的名称、数量、价格，销售网点的单位名称和销售人员姓名。

（2）必须在网点附件的明显位置，设置安全警示语和警示牌。警示牌和警示语主要包括：严禁烟火、禁止吸烟、禁止燃放烟花爆竹、机动车辆装卸时必须熄火等。

4. 烟花爆竹安全监督管理的主要禁令

烟花爆竹安全监督管理主要包括生产、储存、运输、销售、燃放等环节，主要禁令是：严禁违法、违章、违规生产经营烟花爆竹；严禁生产、销售不符合国家标准的烟花爆竹产品；严禁生产、销售拉炮、摔炮、砸炮、擦炮、打火纸等国家明令禁止的烟花爆竹;未取得安监部门颁发的许可证和工商营业执照,不得生产、销售烟花爆竹;严禁非法生产、运输、储存、销售燃放烟花爆竹;严格实行专用封签和防伪码标签管理,凡无专用封签和防伪码标签的烟花爆竹产品,不得销售;严禁携带烟花爆竹乘坐车、船和飞机;严禁在托运的行李包裹和邮寄的邮件中夹带烟花爆竹。

(二)烟花爆竹的选购

1.正规销售点识别方法

合法销售网点应持有安监部门核发的销售许可证和工商部门核发的营业执照,合法烟花爆竹的最小包装上都有"燕龙"防伪标,并印有防伪电话和密码,市民可以打电话查验真伪。正规的零售销售摊点有合法的销售安全许可证,另外营业执照上也有这个项目,这两个证是悬挂出来的,人员也是经过培训的,持证上岗,很容易识别。

2.烟花爆竹的选购

(1)选择供应商。建议消费者到有销售许可证的专营公司或商店去购买。

(2)选择产品类别。烟花爆竹产品有十几类几千个品种,消费者应根据年龄,掌握烟花爆竹知识、燃放程序、消费场地,合理选购烟花爆竹产品。消费者一般选购药量相对较少的 B、C、D 级产品,对于 A 级产品需要有一定专业知识的人燃放,或有证燃放。

(3)选购产品外观。产品应整洁,无霉变,完整未变形,无漏药、浮药。

(4)选购产品标志。应完整、清晰,即有正规的厂名、厂址,有警示语。中文燃放说明清楚,如是否有警示语、燃放方法(如何选择地点、时间、操作方法等)、燃放过程中注意事项等。

(5)选购的烟花爆竹产品引火线(除摩擦类和部分线香类外)应无霉变、无损坏、无藕节(结鞭爆竹产品为纸引,但要注意有一定的带引,以防伤及手和眼睛等),安全引线是一种能控制燃烧速度(燃烧速度稍慢)的外部裹有一层防水清漆的、颜色一般为绿色的引火线。

(6)爆竹是以声响即听觉效果为主的产品,爆竹又有结鞭爆竹和单个爆竹(如雷鸣等)。为了消费者的安全,我国对爆竹产品药量作了严格的规定,从而限制了规格。但如今部分消费者追求响声,要求爆竹越做越大,这种消费观是不对的。选购结鞭爆竹产品一是注意引火线的长度,二是结鞭牢实度、不松垮等。选购单个爆竹(俗称雷鸣)应选购黑药炮,引线为安全引线,绝对不要选购白药的俗称氯酸盐炮或高氯酸盐炮。

(7)烟花产品以其结构和运动形式,又分为吐珠类、喷花类、升空类、小礼花类、造型玩具类、线香类、组合烟花类等13类,消费者应根据自身的燃放场地和欣赏目的来选购烟花产品。近年来,吐珠类、喷花类、升空类、小礼花类、造型玩具类、组合烟花类产品深受广大消费者喜爱,尤其是组合烟花类产品(俗称盆花)。这几类产品都对燃放场地有要求,要求较空旷的地方,附近无电线及易燃物等。选购吐珠类产品应选购筒体较粗、硬,引火线较好的产品。选购升空类产品应选购安装牢固、导向杆完整、粗细均匀、平直的产品。选购小礼花类产品、组合烟花类产品,因其效果变化多,更具有欣赏性和刺激性,深受消费者喜爱。此类产品发展快,品种越来越多,结构也复杂,药量也越来越大,危险性也相继存在,消费者应选购结构牢实不松散、筒体结实、较硬不软、厚而不薄、引火线必须是安全引线等产品,不应选购组合盆花很大、高而细、单发药量较大的产品。消费者应根据自身的需要,按照提示选购合适的烟花爆竹。

(三)烟花爆竹的储存

(1)控制好温度和湿度。烟花爆竹的库房温度最好保持在20℃左右,至少应使温度控制在15～35℃之间。因为温度每升高

10℃,烟火药的化学反应速度会增加 3~4 倍;同时温度太低,由于热胀冷缩的关系,花炮的药物可产生脱壳现象。库房要根据温、湿度情况,加强通风。一般库房温度在 35℃ 以下,相对湿度在 75% 以下时,可以打开门窗通风。但在雨、雪天和外部温度及相对湿度大于库内时,不宜通风。

(2)正确处理好物品的收发和晾晒。库房的收发工作应在白天进行,晚上不得收进和发出。由于未干透的烟火药和彩珠,以及刚晒干(或烘干)的彩珠在未摊开散热以前,都有自燃及白爆的危险,因此,均不得放入库内储存。对用过的余药和已受潮的烟火药、彩珠,同样亦不得放入库内。如果库存时受潮,应立即搬出库房,重新干燥后再摊晾入库。

(3)防止虫蛀鼠咬和各种火源。烟花爆竹在库存过程中,库房内若有老鼠应及时扑杀灭净。因为老鼠喜欢啃咬花炮和粉珠,特别是有糨糊的烟火药和花炮,会引起着火和爆炸。同时,仓库应严禁烟火,不得穿带钉子的鞋入库,严禁在库房内拆包、封装、修理等,并不得使用可产生火花的工具。

(4)不要储存过期的烟花爆竹。在正常情况下,烟花爆竹的保管期限为 2 年,过期应及时销毁。

(5)燃放烟花爆竹按照各地有关规定执行。

(四)烟花爆竹的运输

烟花爆竹企业搬运烟火药的运输车辆,应使用汽车、板车、手推车,不许使用三轮车和畜力车,禁止使用翻斗车和各种挂车。运输时,遮盖要严密。手推车、板车的轮盘必须是橡胶制品,应低速行驶,机动车的速度不得超过 10km/h。进入仓库区的机动车辆,必须有防火花装置。装卸作业中,只许单件搬运,不得碰撞、拖拉、摩擦、翻滚和剧烈振动,不许使用铁锹等铁质工具。运输中不得强行抢道,车距应不少于 20 米,烟火药装车堆码应不超过车厢高度。厂区不在一处,厂区之间原材料、半成品的运输应遵守厂外危险品运输规定。

（五）烟花爆竹的燃放

烟花爆竹作为一种传统喜庆商品，在我国有着广泛的群众基础，人们每逢喜庆节日都以燃放烟花爆竹表示庆贺。但是烟花爆竹又是一种易燃易爆物品，如果燃放不当，也极易引发火灾和人员伤残事故。目前，在燃放环节发生的火灾伤残事故，主要是燃放行为不规范。因此，为了避免和减少事故，必须对燃放烟花爆竹实行安全管理。

1. 主要提示

（1）严禁携带烟花爆竹乘坐车、船、飞机等交通工具。

（2）严禁在繁华街道、影剧院、体育馆等人群密集的公共场所以及靠近重点文物、古建筑、山林、高压线、厂房、油库和存放易燃易爆品的地方燃放。

（3）燃放烟花爆竹应完全遵守当地政府的规定。

2. 综合注意事项

（1）燃放时要先详细地看懂燃放说明，按照燃放说明燃放。这就要求经营者和生产厂应根据不同类型的产品确实可行地编制燃放说明，即在产品的显著位置，字迹要清晰，不能过小，文字要通俗易懂。

（2）燃放时一定要选择室外空旷的环境，而不得在室内（走廊过道等）燃放，更不能对人、对物燃放。没有注明的不能手持燃放，筒口向上放在坚硬平整的地面上燃放。

（3）燃放人必须是有正常行为能力的成年人，严格禁止12岁以下儿童单独燃放，儿童必须在大人的指导下燃放。

（4）观赏烟花爆竹的观众，其观赏距离，应视其分级情况，最少不能少15米。C级烟花应在20米，B级在50米以上。必须保持安全观赏距离。

（5）当燃放的烟花出现熄火现象、燃放失败时不要伸头察看，禁止再次点燃引线。

（6）点引线时要注意身体任何部位必须离开筒口侧身点燃引线，并迅速离开到安全距离观赏。

（7）燃放烟花爆竹时，点燃引线后，人身迅速离开，并保持一定距离，避免发生意外。

（8）除个别手持安全喷火烟花外，其他品种的烟花爆竹一律禁止手持燃放。

3. 分类产品的燃放要点

（1）燃放喷花类、礼花类与组合烟花时将其稳固地竖立在平整坚硬的地面上，筒口向上，点燃引线后，立即离开到安全的距离观赏。

（2）燃放吐珠类烟花时，最好用两块砖或其他坚硬沉重之物，将其夹紧与地面成 70～80 度角固定好燃放。若确需手持燃放，应用食指、中指、拇指，三指掐住花筒尾部，底部避免朝向手心，点火后伸直手臂，火口朝天尾部朝地。对天空发射，严禁对人对物发射，严禁射向房屋和阳台。

（3）燃放升空类烟花时，应成 75 度角松松地插入木槽、钢管或酒瓶中，并远离人群与易燃物，不要拿在手上，点燃引线迅速离开。这类产品，能高速远距离运行。错误的使用将导致人身损伤或火灾。

（4）燃放地面旋转及旋转升空类烟花，要注意周围环境，并选择放在平滑的地面上，点燃引线，退到安全距离观赏。

（5）燃放手提吊篮烟花时，应用小竹竿吊住线头，点燃后手臂伸直，切勿靠近身体。

（6）燃放钉挂转轮烟花时，应先取出铁钉，将烟花钉牢在墙上或木板上、木柱上，用手拨动烟花待其能旋转自如即可点燃引线，退到安全距离观赏。

（7）鞭炮应在室外空旷的地方吊挂燃放，不要拿在手中燃放，双响二踢腿要直立于地面,不要横放在地上,禁止生产和燃放超药量的危险的鞭炮、土地雷等。

(六)烟花爆竹火灾的扑救措施

(1)防止爆炸伤人,造成人员伤亡。烟花爆竹火灾,燃烧而尚未爆炸,要首先设法防止爆炸发生。要把药库、成品库作为重点灭火部位,当火势威胁到这些部位时,须集中一定力量,阻止火势向这些部位蔓延,并对这些部位进行冷却。扑救火灾时要及时划定警戒线,禁止一切无关人员越过警戒线。在有发生爆炸危险的情况下,一线灭火的人员应尽量减少。对有爆炸危险的厂房、仓库着火,应采用大口径水枪远程扑救,要充分利用就近地形、地物作掩体,以防发生爆炸时伤人。

(2)正确选用灭火剂灭火。一是对纸张、木炭、材料库等一般可燃物发生火灾,或装有火药的成品、半成品纸筒燃烧,均可用水扑救。二是对镁粉、铝粉、锌粉、钛粉等金属粉末火灾不可用水施救,也禁止使用二氧化碳灭火剂灭火。三是对三硫化四磷、五硫化二磷等硫的磷化物遇水或潮湿空气,可分解产生易燃有毒的硫化氢气体,所以也不可用水施救。四是对大部分氧化剂引起的火灾都能用水扑救,最好用雾状水。一般也可用砂土进行扑救。

(3)正确采用灭火的方法。要避免水枪直接冲击。在使用大口径水枪射水灭火时,要防止直接冲击花炮和原料堆垛,以免因撞击导致堆垛倒塌而发生爆炸。大口径射流,也不可直射简易厂房结构的承重墙,防止可能倒塌伤人。

(七)烟花爆竹炸伤急救措施

一旦有人因焰火烧伤,除应立即脱离现场外,尚要迅速脱掉着火的衣服,用自来水冲。农村无自来水处应跳入附近浅塘、河湾,或者用不易着火的覆盖物如大衣、毛毯、雨布、棉被等覆盖灭火。如果穿的衣很紧,就穿着衣服作冷水浴,难脱的衣服勉强脱会增加损伤的程度。

如果是头部烧伤,可取冰箱中冷冻室内的冰块,用打湿的干净毛巾包住作冷敷。绝不要怕用冷水冲烧伤处,尽快冲冷水可以防止烧伤面积扩大。如果没有消毒纱布,马上用熨斗熨过几次或用电吹风吹过的干净毛帕代替,轻轻盖在伤口上。千万不要去涂什么狗油、酱油、烟丝或油膏之类。这是帮倒忙,这样做最易引起细菌感染,到医院后医生还要花大力气为你清洗,既浪费时间、药物,又增加痛苦。

当发生烧炸伤后除做上述处理外,尚应检查一下鼻毛有无烧焦,如被烧焦,有可能会烧伤呼吸道,如果不及时告知医生,可能会发生肺水肿引起呼吸困难。另要注意有无睫毛烧糊变卷,如有则可能烧伤眼球,这均要及时在就诊时告诉医生。如果炸伤眼睛,千万不要去揉擦和乱冲洗,最多滴入适量的消炎眼药水,并平躺,拨打120或急送有条件的医院。

如手部或足部被鞭炮等炸伤流血,则应迅速用双手为其卡住出血部位的上方,有云南白药粉或三七粉可以洒上止血。如果出血不止又量大,则应用橡皮带或粗布扎住出血部位的上方,抬高患肢,急送医院清创处理。但捆扎带每15分钟要松解一次,以免患部缺血坏死。

第五章　劳动保护基础知识

一、劳动合同基本知识

劳动合同是明确劳动者与用人单位双方权利和义务,确立双方劳动关系的协议。劳动合同一经签订,双方就必须按合同要求认真履行合同的义务,以保障各自的合法权益。

(一)劳动合同的订立

1.劳动合同的形式和内容

建立劳动关系,应当订立书面劳动合同。劳动合同由用人单位与劳动者协商一致,并经用人单位与劳动者在劳动合同文本上签字或者盖章生效。由用人单位和劳动者各执一份。

已建立劳动关系,未同时订立书面劳动合同的,应当自用工之日起一个月内订立书面劳动合同;用人单位与劳动者在用工前订立劳动合同的,劳动关系自用工之日起建立。

用人单位未在用工的同时订立书面劳动合同,与劳动者约定的劳动报酬不明确的,新招用的劳动者的劳动报酬按照集体合同规定的标准执行;没有集体合同或者集体合同未规定的,实行同工同酬。

非全日制劳动合同经双方协商致,可以订立口头劳动合同。但劳动者提出订立书面劳动合同的,应当以书面形式订立。

劳动合同应当具备以下条款:

(1)用人单位的名称、住所和法定代表人或者主要负责人。

(2)劳动者的姓名、住址和居民身份证或者其他有效身份证件号码。

　　(3)劳动合同期限。

　　(4)工作内容和工作地点。

　　(5)工作时间和休息休假。

　　(6)劳动报酬。

　　(7)社会保险。

　　(8)劳动保护、劳动条件和职业危害防护。

　　(9)法律、法规规定应当纳入劳动合同的其他事项。

　　劳动合同除上述必备条款外,用人单位与劳动者可以约定试用期、培训、保守秘密、补充保险和福利待遇等其他事项。

　　劳动合同对劳动报酬和劳动条件等标准约定不明确,引发争议的,用人单位与劳动者可以重新协商;协商不成的,适用集体合同规定;没有集体合同或者集体合同未规定劳动报酬的,实行同工同酬;没有集体合同或者集体合同未规定劳动条件等标准的,适用国家有关规定。

　　2. 订立劳动合同的条件和签约知情权

　　订立劳动合同的用人单位应当依法成立,具有独立承担民事责任的能力。订立劳动合同的劳动必须年满16周岁,具有劳动权利能力和劳动行为能力。文艺、体育单位招收未满16周岁的未成年人,应经县以上劳动保障行政部门审批,并保障所招收的未成年人接受义务教育的权利。

　　劳动者在订立劳动合同前,有权了解用人单位相关制度、劳动条件、劳动报酬等情况,用人单位应如实告知。用人单位在招用劳动者时,有权了解劳动者健康状况、文化素质、劳动技能和工作经历等情况,劳动者应如实说明。

　　3. 劳动合同的期限

　　劳动合同分为固定期限劳动合同、无固定期限劳动合同和以完成一定工作任务为期限的劳动合同。

（1）固定期限劳动合同

固定期限劳动合同,是指用人单位与劳动者约定合同终止时间的劳动合同。用人单位与劳动者协商一致,可以订立固定期限劳动合同。

（2）无固定期限劳动合同

无固定期限劳动合同,是指用人单位与劳动者约定无确定终止时间的劳动合同。用人单位与劳动者协商一致,可以订立无固定期限劳动合同。有下列情形之一,劳动者提出或者同意续订、订立劳动合同的,除劳动者提出订立固定期限劳动合同外,应当订立无固定期限劳动合同:

①劳动者在该用人单位连续工作满十年的。

②用人单位初次实行劳动合同制度或者国有企业改制重新订立劳动合同时,劳动者在该用人单位连续工作满十年且距法定退休年龄不足十年的。

③连续订立二次固定期限劳动合同,且劳动者没有本法第三十九条和第四十条第一项、第二项规定的情形,续订劳动合同的。

用人单位自用工之日起满一年不与劳动者订立书面劳动合同的,视为用人单位与劳动者已订立无固定期限劳动合同。

（3）以完成一定工作任务为期限的劳动合同

以完成一定工作任务为期限的劳动合同,是指用人单位与劳动者约定以某项工作的完成为合同期限的劳动合同。用人单位与劳动者协商一致,可以订立以完成一定工作任务为期限的劳动合同。

4.合同试用期

劳动合同期限三个月以上不满一年的,试用期不得超过一个月;劳动合同期限一年以上不满三年的,试用期不得超过二个月;三年以上固定期限和无固定期限的劳动合同,试用期不得超过六个月。

同一用人单位与同一劳动者只能约定一次试用期。

以完成一定工作任务为期限的劳动合同或者劳动合同期限不满三个月的,不得约定试用期。

试用期包含在劳动合同期限内。劳动合同仅约定试用期的,试用期不成立,该期限为劳动合同期限。

劳动者在试用期的工资不得低于本单位相同岗位最低档工资或者劳动合同约定工资的百分之八十,并不得低于用人单位所在地的最低工资标准。

在试用期中,除劳动者有我国劳动合同法第三十九条和第四十条第一项、第二项规定的情形外(详见本节第三部分"劳动合同的解除和终止"),用人单位不得解除劳动合同。用人单位在试用期解除劳动合同的,应当向劳动者说明理由。

(二)劳动合同的无效

根据我国劳动合同法第二十六条的规定,下列劳动合同无效或者部分无效:

(1)以欺诈、胁迫的手段或者乘人之危,使对方在违背真实意思的情况下订立或者变更劳动合同的。

(2)用人单位免除自己的法定责任、排除劳动者权利的。

(3)违反法律、行政法规强制性规定的。

对劳动合同的无效或者部分无效有争议的,由劳动争议仲裁机构或者人民法院确认。

劳动合同部分无效,不影响其他部分效力的,其他部分仍然有效。

劳动合同被确认无效,劳动者已付出劳动的,用人单位应当向劳动者支付劳动报酬。劳动报酬的数额,参照本单位相同或者相近岗位劳动者的劳动报酬确定。

劳动合同的无效,由劳动争议仲裁委员会或者人民法院确认。

（三）劳动合同的履行和变更

1. 劳动合同的履行

用人单位与劳动者应当按照劳动合同的约定，全面履行各自的义务。

用人单位应当按照劳动合同约定和国家规定，向劳动者及时足额支付劳动报酬。用人单位拖欠或者未足额支付劳动报酬的，劳动者可以依法向当地人民法院申请支付令，人民法院应当依法发出支付令。

用人单位应当严格执行劳动定额标准，不得强迫或者变相强迫劳动者加班。用人单位安排加班的，应当按照国家有关规定向劳动者支付加班费。

劳动者拒绝用人单位管理人员违章指挥、强令冒险作业的，不视为违反劳动合同。劳动者对危害生命安全和身体健康的劳动条件，有权对用人单位提出批评、检举和控告。

2. 劳动合同的变更

用人单位变更名称、法定代表人、主要负责人或者投资人等事项，不影响劳动用人单位发生合并或者分立等情况，原劳动合同继续有效，劳动合同由承继其权利和义务的用人单位继续履行。

用人单位与劳动者协商一致，可以变更劳动合同约定的内容。变更劳动合同，应当采用书面形式。变更后的劳动合同文本由用人单位和劳动者各执一份。

（四）劳动合同的解除和终止

1. 劳动合同的解除

根据我国劳动合同法的规定，劳动合同的解除有约定解除、协商解除、不可抗力导致的解除，劳动者单方解除和用人单位单方解除等五种方式。

（1）约定解除

约定解除是指双方在合同中约定可以解除合同的事项出现

时,当事人对劳动合同的解除。

（2）协商解除

劳动合同签订之后,尚未履行或尚未履行完毕,经用人单位与劳动者协商一致,可以解除劳动合同。

（3）不可抗力导致的解除

因事先不能预见,在其发生时既不能避免、又不能克服的自然灾害或客观事件,例如水灾、火灾、地震、火山爆发等自然事件,或战争、罢工等社会事件以及法律、政令的变化等等,导致合同继续履行已不可能而解除。

（4）劳动者单方解除

①劳动者提前三十日以书面形式通知用人单位,可以解除劳动合同。

②有下列情形之一的,劳动者可以随时通知用人单位解除劳动合同：

a. 未按照劳动合同约定提供劳动保护或者劳动条件的。

b. 未及时足额支付劳动报酬的。

c. 未依法为劳动者缴纳社会保险费的。

d. 用人单位的规章制度违反法律、法规的规定,损害劳动者权益的。

e. 因劳动合同法第二十六条第一款规定的情形（见本节第二部分第1项）致使劳动合同无效的。

f. 法律、行政法规规定劳动者可以解除劳动合同的其他情形。

用人单位以暴力、威胁或者非法限制人身自由的手段强迫劳动者劳动的,或者用人单位违章指挥、强令冒险作业危及劳动者人身安全的,劳动者可以立即解除劳动合同,不需事先告知用人单位。

（5）用人单位单方解除

①劳动者有下列情形之一的,用人单位可以解除劳动合同：

　　a. 在试用期间被证明不符合录用条件的。

　　b. 严重违反用人单位的规章制度的。

　　c. 严重失职,营私舞弊,给用人单位造成重大损害的。

　　d. 劳动者同时与其他用人单位建立劳动关系,对完成本单位的工作任务造成严重影响,或者经用人单位提出,拒不改正的。

　　e. 因我国劳动合同法第二十六条第一款第一项规定的情形(见本节第二部分第1项)致使劳动合同无效的。

　　f. 被依法追究刑事责任的。

　　②有下列情形之一的,用人单位提前三十日以书面形式通知劳动者本人或者额外支付劳动者一个月工资后,可以解除劳动合同:

　　a. 劳动者患病或者非因工负伤,在规定的医疗期满后不能从事原工作,也不能从事由用人单位另行安排的工作的。

　　b. 劳动者不能胜任工作,经过培训或者调整工作岗位,仍不能胜任工作的。

　　c. 劳动合同订立时所依据的客观情况发生重大变化,致使劳动合同无法履行,经用人单位与劳动者协商,未能就变更劳动合同内容达成协议的。

　　③有下列情形之一,需要裁减人员二十人以上或者裁减不足二十人但占企业职工总数百分之十以上的,用人单位提前三十日向工会或者全体职工说明情况,听取工会或者职工的意见后,裁减人员方案经向劳动行政部门报告,可以裁减人员:

　　a. 依照企业破产法规定进行重整的。

　　b. 生产经营发生严重困难的。

　　c. 企业转产、重大技术革新或者经营方式调整,经变更劳动合同后,仍需裁减人员的。

　　d. 其他因劳动合同订立时所依据的客观经济情况发生重大变化,致使劳动合同无法履行的。

④裁减人员时,应当优先留用下列人员:

a. 与本单位订立较长期限的固定期限劳动合同的。

b. 与本单位订立无固定期限劳动合同的。

c. 家庭无其他就业人员,有需要扶养的老人或者未成年人的。

⑤用人单位依照本条第一款规定裁减人员,在六个月内重新招用人员的,应当通知被裁减的人员,并在同等条件下优先招用被裁减的人员。

⑥劳动者有下列情形之一的,用人单位不得依照上述第②、第③条规定解除劳动合同:

a. 从事接触职业病危害作业的劳动者未进行离岗前职业健康检查,或者疑似职业病病人在诊断或者医学观察期间的。

b. 在本单位患职业病或者因工负伤并被确认丧失或者部分丧失劳动能力的。

c. 患病或者非因工负伤,在规定的医疗期内的。

d. 女职工在孕期、产期、哺乳期的。

e. 在本单位连续工作满十五年,且距法定退休年龄不足五年的。

f. 法律、行政法规规定的其他情形。

⑦用人单位单方解除劳动合同,应当事先将理由通知工会。用人单位违反法律、行政法规规定或者劳动合同约定的,工会有权要求用人单位纠正。用人单位应当研究工会的意见,并将处理结果书面通知工会。

2. 劳动合同的终止

有下列情形之一的,劳动合同终止:

①劳动合同期满的。

②劳动者开始依法享受基本养老保险待遇的。

③劳动者死亡,或者被人民法院宣告死亡或者宣告失踪的。

④用人单位被依法宣告破产的。

⑤用人单位被吊销营业执照、责令关闭、撤销或者用人单位决定提前解散的。

⑥法律、行政法规规定的其他情形。

劳动合同期满,有上述第1部分第(5)条第⑥项情形之一的,劳动合同应当续延至相应的情形消失时终止。但是,因在本单位患职业病或者因工负伤并被确认丧失或者部分丧失劳动能力的劳动者,其劳动合同的终止,应按照国家有关工伤保险的规定执行。

3. 劳动合同解除、终止的经济补偿

(1)有下列情形之一的,用人单位应当向劳动者支付经济补偿:

①劳动者依照本法第三十八条规定解除劳动合同的。

②用人单位依照本法第三十六条规定向劳动者提出解除劳动合同并与劳动者协商一致解除劳动合同的。

③用人单位依照本法第四十条规定解除劳动合同的。

④用人单位依照本法第四十一条第一款规定解除劳动合同的。

⑤除用人单位维持或者提高劳动合同约定条件续订劳动合同,劳动者不同意续订的情形外,依照本法第四十四条第一项规定终止固定期限劳动合同的。

⑥依照本法第四十四条第四项、第五项规定终止劳动合同的。

⑦法律、行政法规规定的其他情形。

(2)经济补偿按劳动者在本单位工作的年限,每满一年支付一个月工资的标准向劳动者支付。六个月以上不满一年的,按一年计算;不满六个月的,向劳动者支付半个月工资的经济补偿。

劳动者月工资高于用人单位所在直辖市、设区的市级人民政府公布的本地区上年度职工月平均工资三倍的,向其支付经济补偿的标准按职工月平均工资三倍的数额支付,向其支付经济补偿的年限最高不超过十二年。

本条所称月工资是指劳动者在劳动合同解除或者终止前十二个月的平均工资。

（3）用人单位违反本法规定解除或者终止劳动合同，劳动者要求继续履行劳动合同的，用人单位应当继续履行；劳动者不要求继续履行劳动合同或者劳动合同已经不能继续履行的，用人单位应当依照上述第（2）条的规定支付赔偿金。

4.解除和终止劳动合同后相关手续的办理

国家采取措施，建立健全劳动者社会保险关系跨地区转移接续制度。

用人单位应当在解除或者终止劳动合同时出具解除或者终止劳动合同的证明，并在十五日内为劳动者办理档案和社会保险关系转移手续。

劳动者应当按照双方约定，办理工作交接。用人单位依照本法有关规定应当向劳动者支付经济补偿的，在办结工作交接时支付。

用人单位对已经解除或者终止的劳动合同的文本，至少保存二年备查。

（五）集体劳动合同

企业职工一方与用人单位通过平等协商，可以就劳动报酬、工作时间、休息休假、劳动安全卫生、保险福利等事项订立集体合同。集体合同草案应当提交职工代表大会或者全体职工讨论通过。

集体合同由工会代表企业职工一方与用人单位订立；尚未建立工会的用人单位，由上级工会指导劳动者推举的代表与用人单位订立。

企业职工一方与用人单位可以订立劳动安全卫生、女职工权益保护、工资调整机制等专项集体合同。

在县级以下区域内，建筑业、采矿业、餐饮服务业等行业可以由工会与企业方面代表订立行业性集体合同,或者订立区域性集体合同。

集体合同订立后,应当报送劳动行政部门;劳动行政部门自收到集体合同文本之日起十五日内未提出异议的,集体合同即行生效。

依法订立的集体合同对用人单位和劳动者具有约束力。行业性、区域性集体合同对当地本行业、本区域的用人单位和劳动者具有约束力。

集体合同中劳动报酬和劳动条件等标准不得低于当地人民政府规定的最低标准;用人单位与劳动者订立的劳动合同中劳动报酬和劳动条件等标准不得低于集体合同规定的标准。

用人单位违反集体合同,侵犯职工劳动权益的,工会可以依法要求用人单位承担责任;因履行集体合同发生争议,经协商解决不成的,工会可以依法申请仲裁、提起诉讼。

(六)非全日制用工

非全日制用工,是指以小时计酬为主,劳动者在同一用人单位一般平均每日工作时间不超过四小时,每周工作时间累计不超过二十四小时的用工形式。

非全日制用工双方当事人可以订立口头协议。

从事非全日制用工的劳动者可以与一个或者一个以上用人单位订立劳动合同;但是,后订立的劳动合同不得影响先订立的劳动合同的履行。

非全日制用工双方当事人不得约定试用期。

非全日制用工双方当事人任何一方都可以随时通知对方终止用工。终止用工,用人单位不向劳动者支付经济补偿。

非全日制用工小时计酬标准不得低于用人单位所在地人民政府规定的最低小时工资标准。

非全日制用工劳动报酬结算支付周期最长不得超过十五日。

（七）劳动合同争议的处理

当事人发生劳动合同争议时，有以下四种解决方式：自行协商解除、调解解决、仲裁裁决、诉讼解除。

劳动争议发生后，当事人可以向本单位劳动争议调解委员会申请调解；调解不成，当事人一方要求仲裁的，可以向劳动争议仲裁委员会申请仲裁。当事人一方也可以直接向劳动争议仲裁委员会申请仲裁。对仲裁裁决不服的，可以向人民法院提起诉讼。

（八）用人单位违反劳动合同应承担的法律责任

用人单位违反劳动合同的，由劳动行政部门给予警告，责令改正，并可以处以罚款；对劳动者造成损害的，应当承担赔偿责任；构成犯罪的，对责任人员依法追究刑事责任。

二、常见职业病防治

从广义上讲，职业病是泛指职业性有害因素所引起的疾病。但我国，职业病却有特定的范围。根据《中华人民共和国职业病防治法》（以下简称《职业病防治法》）的定义，职业病是指企业、事业单位和个体经济组织（以下统称用人单位）的劳动者在职业活动中，因接触粉尘、放射性物质和其他有毒、有害物质等因素而引起的疾病。我国现规定的职业病分10类共115种。

改革开放以来，我国工业得到迅速发展，随着各种新材料、新工艺、新技术的大量引用，职业病隐患不断增大，危害日趋严重化，在常见职业病发生不断增多的同时，又出现了不少新的严重的职业卫生事故。每年因粉尘、化学毒物而导致劳动者患职业病死亡、致残或部分丧失劳动能力的人数不断增加。大量职业病人的出现，不仅给劳动者及其家庭带来灾难，也严重地影响了企业的正常生产，给企业和社会造成了重大经济损失，有的企业甚至因此而破产、倒闭。我国每年因职业病造成的直接经济损失高达100多亿元。职业病不仅造成了严重的经济损失，也带来严重的社会问题。

我国有大量农民工在从事接触粉尘、放射性物质和其他有毒、有害物质的工作,因此,如何防治职业病是农民工迫切需要掌握的基本知识。农民工要通过学习《职业病防治法》,了解自己的权利和义务,争取所享有的职业卫生保护权利,自觉遵守企业制定的各项职业卫生管理制度和操作规程,自觉并正确地使用和维护职业病防护设备和个人防护用品,预防职业病和减少职业病可能造成的危害。

(一)劳动者职业卫生保护权利和义务

1. 劳动者职业卫生保护权利

根据《职业病防治法》,劳动者享有下列职业卫生保护权利:

(1)获得职业卫生教育、培训。

(2)获得职业健康检查、职业病诊疗、康复等职业病防治服务。

(3)了解工作场所产生或者可能产生的职业病危害因素、危害后果和应当采取的职业病防护措施。

(4)要求用人单位提供符合防治职业病要求的职业病防护设施和个人使用的职业病防护用品,改善工作条件。

(5)对违反职业病防治法律、法规以及危及生命健康的行为提出批评、检举和控告。

(6)拒绝违章指挥和强令进行没有职业病防护措施的作业。

(7)参与用人单位职业卫生工作的民主管理,对职业病防治工作提出意见和建议。

用人单位应当保障劳动者行使上述权利。因劳动者依法行使正当权利而降低其工资、福利等待遇或者解除、终止与其订立的劳动合同的,其行为无效。

2. 劳动者职业卫生保护义务

劳动者应当学习和掌握相关的职业卫生知识,遵守职业病防治法律、法规、规章和操作规程,正确使用、维护职业病防护设备和个人使用的职业病防护用品,发现职业病危害事故隐患应当及时报告。劳动者不履行前款规定义务的,用人单位应当对其进行教育。

(二)用人单位防治职业病的义务

1.采取职业病防治管理措施

用人单位应当采取下列职业病防治管理措施:

(1)设置或者指定职业卫生管理机构或者组织,配备专职或者兼职的职业卫生专业人员,负责本单位的职业病防治工作。

(2)制定职业病防治计划和实施方案。

(3)建立、健全职业卫生管理制度和操作规程。

(4)建立、健全职业卫生档案和劳动者健康监护档案。

(5)建立、健全工作场所职业病危害因素监测及评价制度。

(6)建立、健全职业病危害事故应急救援预案。

2.维护劳动者健康权益

(1)用人单位与劳动者订立劳动合同(含聘用合同,下同)时,应当将工作过程中可能产生的职业病危害及其后果、职业病防护措施和待遇等如实告知劳动者,并在劳动合同中写明,不得隐瞒或者欺骗。

劳动者在已订立劳动合同期间因工作岗位或者工作内容变更,从事与所订立劳动合同中未告知的存在职业病危害的作业时,用人单位应当依照上述规定,向劳动者履行如实告知的义务,并协商变更原劳动合同相关条款。

用人单位违反上述规定的,劳动者有权拒绝从事存在职业病危害的作业,用人单位不得因此解除或者终止与劳动者所订立的劳动合同。

(2)用人单位应当对劳动者进行上岗前的职业卫生培训和在岗期间的定期职业卫生培训,普及职业卫生知识,督促劳动者遵守职业病防治法律、法规、规章和操作规程,指导劳动者正确使用职业病防护设备和个人使用的职业病防护用品。

（3）对从事接触职业病危害的作业的劳动者，用人单位应当按照国务院卫生行政部门的规定组织上岗前、在岗期间和离岗时的职业健康检查，并将检查结果如实告知劳动者。职业健康检查费用由用人单位承担。

（4）用人单位不得安排未经上岗前职业健康检查的劳动者从事接触职业病危害的作业；不得安排有职业禁忌的劳动者从事其所禁忌的作业；对在职业健康检查中发现有与所从事的职业相关的健康损害的劳动者，应当调离原工作岗位，并妥善安置；对未进行离岗前职业健康检查的劳动者不得解除或者终止与其订立的劳动合同。

（5）用人单位应当为劳动者建立职业健康监护档案，并按照规定的期限妥善保存。职业健康监护档案应当包括劳动者的职业史、职业病危害接触史、职业健康检查结果和职业病诊疗等有关个人健康资料。劳动者离开用人单位时，有权索取本人职业健康监护档案复印件，用人单位应当如实、无偿提供，并在所提供的复印件上签章。

（6）发生或者可能发生急性职业病危害事故时，用人单位应当立即采取应急救援和控制措施，并及时报告所在地卫生行政部门和有关部门。卫生行政部门接到报告后，应当及时会同有关部门组织调查处理；必要时，可以采取临时控制措施。

（7）对遭受或者可能遭受急性职业病危害的劳动者，用人单位应当及时组织救治、进行健康检查和医学观察，所需费用由用人单位承担。

（8）用人单位不得安排未成年工从事接触职业病危害的作业；不得安排孕期、哺乳期的女职工从事对本人和胎儿、婴儿有危害的作业。

（三）职业病病人的保障

（1）疑似职业病病人在诊断、医学观察期间的费用，由用人单位承担。

（2）用人单位应当按照国家有关规定，安排职业病病人进行治疗、康复和定期检查。用人单位对不适宜继续从事原工作的职业病病人，应当调离原岗位，并妥善安置。用人单位对从事接触职业病危害的作业的劳动者，应当给予适当岗位津贴。

（3）职业病病人的诊疗、康复费用，伤残以及丧失劳动能力的职业病病人的社会保障，按照国家有关工伤社会保险的规定执行。

（4）职业病病人除依法享有工伤社会保险外，依照有关民事法律，尚有获得赔偿的权利的，有权向用人单位提出赔偿要求。

（5）劳动者被诊断患有职业病，但用人单位没有依法参加工伤社会保险的，其医疗和生活保障由最后的用人单位承担；最后的用人单位有证据证明该职业病是先前用人单位的职业病危害造成的，由先前的用人单位承担。

（6）职业病病人变动工作单位，其依法享有的待遇不变。

用人单位发生分立、合并、解散、破产等情形的，应当对从事接触职业病危害的作业的劳动者进行健康检查，并按照国家有关规定妥善安置职业病病人。

（四）工作场所中的职业病危害因素

了解工作场所中的职业病危害因素，是劳动者与用人单位有针对性地进行职业病的基础。工作场所中的职业病危害因素按其来源可分为下列三类：

1. 生产工艺过程中产生的有害因素

（1）化学因素。生产性毒物，如铅、苯系物、氯、汞等；生产性粉尘，如矽尘、石棉尘、煤尘、有机粉尘等。

（2）物理因素。主要为异常气象条件如高温、高湿、低温等；异常气压如高气压、低气压等；噪声及振动；非电离辐射如可见光、紫外线、红外线、激光、射频辐射等;电离辐射如 X 射线等。

（3）生物因素。如动物皮毛上的炭疽杆菌、布氏杆菌;其他如森林脑炎病毒等传染性病原体。

2. 劳动过程中的有害因素

（1）劳动组织和制度不合理,劳动作息制度不合理等。

（2）精神（心理）性职业紧张。

（3）劳动强度过大或生产定额不当,不能合理地安排与劳动者身体状况相适应的作业。

（4）器官或系统过度紧张,如视力紧张等。

（5）长时间处于不良体位或姿势,或使用不合理的工具劳动。

3. 生产环境中的有害因素

（1）自然环境因素的作用,如炎热季节高温辐射,寒冷季节因窗门紧闭而通风不良等。

（2）厂房建筑或布局不合理,如有毒工段与无毒工段安排在一个车间。

（3）由不合理生产过程所致环境污染。

（五）几种常见职业病的防治

1. 尘肺病的防治

（1）尘肺病的症状和特点

尘肺病是由于在生产活动中长期吸入生产性粉尘引起的以肺组织弥漫性纤维化为主的全身性疾病。肺纤维化就是肺间质的纤维组织过度增长,进而破坏正常的肺组织,使肺的弹性降低,影响肺的正常呼吸功能。尘肺病包括矽肺、石棉肺、滑石肺、煤肺、水泥尘肺、炭黑尘肺等 12 种。其中,石棉肺、矽肺的临床状况比较差。

尘肺病的典型症状是:胸闷、气结、咳嗽、胸痛。粉尘有致纤维性,即原来弹性很好的肺泡组织被粉尘中的一些纤维斑组织所取代。纤维组织弹性很差,造成病人呼吸困难。因此尘肺病人比常人容易感冒。而感冒又会破坏肺部功能,造成恶性循环。因此,对尘肺病防治的重点就是预防这类并发症的发病几率,减少对病人肺部的损害,延缓病情的发展。尘肺病具有迟发性特点,它的形成时间有 7 年、10 年或 20 年。但是某些粉尘含量较高的工种(如筑路工),同时不注意采取合理的防护措施甚至可以在四个月内形成。

(2)易患尘肺病的行业及工种

①矿山开采。各种金属矿山的开采、煤矿的掘进和采煤以及其他金属矿山的开采,是产生尘肺的主要作业环境,主要作业工种是凿岩、爆破、支柱、运输。

②金属冶炼。含金属矿石的粉碎、筛分和运输。

③机械制造业。铸造配砂、造型,铸件的清砂、喷砂以及电焊作业。

④建材行业。如耐火材料、玻璃、水泥、石料生产中的开采、破碎、碾磨、筛选、拌料等;石棉的开采、运输和纺织。

⑤公路、铁路、水利建设中的开凿隧道、爆破等。

(3)尘肺病的预防

尘肺病预防的关键在于最大限度防止有害粉尘的吸入,只要措施得当,尘肺病是完全可以预防的。那么,有哪些预防措施呢?我国针对防尘降尘制定了"革、水、密、风、护、管、教、查"八字方针,大致内容可分为两个方面:

①技术措施

用工程技术措施消除或降低粉尘危害,是预防尘肺病最根本的措施。

②卫生保健措施

a.接尘工人健康监护。包括上岗前体检、岗中的定期健康检查和离岗时体检,对于接尘工龄较长的工人还要按规定做离岗后的随访检查。

b.个人防护和个人卫生。佩戴防尘护具,如防尘安全帽、防尘口罩、送风头盔、送风口罩等,讲究个人卫生,勤换工作服,勤洗澡。

防尘口罩的选用要注意三点:第一是口罩要能有效地阻止粉尘进入呼吸道。一个有效的防尘口罩必须是能防止微细粉尘,尤其是 5 微米以下的粉尘进入呼吸道,即必须是国家认可的"防尘口罩"。必须指出的是,一般的纱布口罩是没有防尘作用的。第二是适合性,就是口罩要和脸型相适应,最大限度地保证空气不会从口罩和面部的缝隙不经过口罩的过滤进入呼吸道,要按使用说明正确佩戴。第三是佩戴舒适,主要是既能有效地阻止粉尘,又能使戴上口罩后呼吸不费力,重量要轻,佩带卫生,保养方便。防尘口罩戴的时间长了就会降低或失去防尘效果,因此必须定期按照口罩使用说明更换。使用中要防止挤压变形、污染进水,仔细保养。

(4)尘肺病的诊治

怀疑自己得了尘肺病,应先到原工作单位取得职业史相关证明材料,再到单位所在地或者本人居住地依法承担职业病诊断的医疗卫生机构进行职业病诊断,该医疗卫生机构应由省级以上人民政府卫生行政部门批准。具体可以向当地卫生部门进行咨询。

尘肺病的纤维化是不可逆的病变,目前还没有一种根治的办法。因此,已经诊断为尘肺病者,首先要立即调离粉尘作业,适当安排好工作或休养;其二,开展健身疗法,坚持体育锻炼,加强营养,以提高身体抵抗力;其三,重视心理治疗,帮助病人消除恐惧心理及麻痹大意思想;四是积极治疗合并症与并发症。

2. 电焊职业危害与防护

(1)电焊作业中的主要危害

①金属烟尘的危害。电焊烟尘的成分因使用焊条的不同而有所差异。焊条由焊芯和药皮组成。焊芯除含有大量的铁外,还有碳、锰、硅、铬、镍、硫和磷等;药皮内的材料主要由大理石、萤石、金红石、纯咸、水玻璃、锰铁等组成。焊接时,电弧放电产生 4000 ~6000℃ 高温,

在熔化焊条和焊件的同时,产生了大量的烟尘,其成分主要为氧化铁、氧化锰、二氧化硅、硅酸盐等,烟尘粒弥漫于作业环境中,极易被吸入肺内。长期吸入则会造成肺组织纤维性病变,即称为电焊工尘肺,而且常伴随锰中毒、氟中毒和金属烟雾热等并发病。

②有毒气体的危害。在焊接电弧所产生的高温和强紫外线作用下,弧区周围会产生大量的有毒气体,如一氧化碳、氮氧化物等。

③电弧光辐射的危害。焊接产生的电弧光主要包括红外线、可见光和紫外线。其中紫外线主要通过光化学作用对人体产生危害,它损伤眼睛及裸露的皮肤,引起角膜结膜炎(电光性眼炎)和皮肤胆红斑症。

(2)电焊作业职业危害的防护

①提高焊接技术,改进焊接工艺和材料。通过提高焊接技术,使焊接操作实现机械化、自动化、人与焊接环境相隔离,从根本上消除电焊作业对人体的危害。由于电焊产生的危害大多与焊条药皮成分有关,所以通过改进焊条材料,选择无毒或低毒的电焊条,也是降低焊接危害的有效措施之一。

②改善作业场所的通风状况。通风方式可分为自然通风和机械通风,其中机械通风是依靠风机产生的压力来换气,除尘、排毒效果较好,因而在自然通风较差的室内,封闭的容器内进行焊接时,必须有机械通风措施。

③加强个人防护措施。加强个人防护,可以防止焊接时产生的有毒气体和粉尘的危害。作业人员必须使用相应的防护眼镜、面罩、口罩、手套,穿白色防护服、绝缘鞋,决不能穿短袖衣或卷起袖子;若在通风条件差的封闭容器内工作,还要佩戴使用有送风性能的防护头盔。

④强化劳动保护宣传教育及现场跟踪监测工作。对电焊作业人员应进行必要的职业安全卫生知识教育,提高其自我防范意识,降低职业病的发病率。同时,还应加强电焊作业场所的尘毒危害

的监测工作以及电焊工的体检工作,及时发现和解决问题。

3.苯及其化合物职业危害和预防

（1）苯及其化合物职业危害的作业环境

苯及其化合物包括苯、甲苯、二甲苯等化合物。常见的作业环境有：

①在生产中,苯存在于生产苯酚、硝基苯、苯胺、橡胶、塑料、农药等行业中。

②在销售使用过程中,喷漆、刷漆、涂漆、刷胶、粘胶、印刷、制革、制鞋、玩具、家具制造等作业都能接触。

（2）苯及其化合物职业危害的种类

①急性中毒。短时间接触高浓度苯及其化合物易引起急性中毒,出现神经衰弱症状,如头痛、头晕、疲劳乏力、睡眠不好、记忆力减退等。

②慢性中毒。长期接触超过一定浓度的苯及其化合物可引起慢性中毒,出现造血系统损害,如白细胞减少、贫血等,严重的会导致白血病。皮肤长期接触可使皮肤干燥、皲裂,敏感者容易出现皮疹、湿疹、毛囊炎及脱脂性皮炎。

（3）预防苯及其化合物中毒的措施

①使用新材料,改进新工艺。

②采用自动化和密闭化作业。

③加强通风排气。

④使用有效的个人防护用品,如防毒面具、口罩等。

⑤加强作业场所环境浓度监测。

⑥定期进行职业健康检查。

三、女工劳动保护

我国女农民工约占农民工总数的30%左右,是我国建设与发展的一支不可缺少的重要力量。这一部分女农民工,由于社会体制、传统观念、生理和文化程度等因素的影响,她们的合法权益受侵犯的现象较为严重。关注和援助女农民工是构建和谐社会的迫切要求。加强和完善女农民工的社会保障,实现男女平等,提高妇女地位,保护其合法权益,对促进社会公平与和谐发展具有重要意义。

(一)女农民工劳动保护存在的主要问题

1.劳动合同签约率低

女农民工找工作十分不易,而且大部分是临时性的。用人单位没有提出签订劳动合同,她们是不敢要求的。由于没有劳动合同,出现侵权行为,她们往往投诉无门。根据全国妇联的调查显示,女性农民工一半以上未签署正式劳务合同;江苏省的一项调查显示,88.6% 的私营企业没有与女农民工签订劳动合同;银川的一项调查显示,该地区女性农民工劳动合同签订率仅为25%。在已签订的劳动合同中女农民工的权利义务不对等,没有涉及有关女农民工特殊劳动保护的内容。对条款的内容,女职工只有签与不签的选择。有的用人单位在用工时不签订劳动合同,反而向务工者收取押金。由于雇主与务工者之间劳动关系多属于口头约定,缺乏行政和法律上的保证,因而劳动关系极不稳定。即使签订了劳动合同也常不履行。

2.收入比男性少

与男性民工比较,女工在收入上相对偏低。少得可怜的收入,仅能维持平日的温饱而已。为了节省开支,她们大部分以几个人合租方式租房居住,一小部分女工靠用工单位或老板解决宿舍,还有一些借住在亲戚、朋友或同乡的家里;吃饭则尽可能自己做,省吃俭用,生活费用极低,过着颇为清贫的生活。

3."四期"保护不落实

女农民工"四期保护"普遍难以落实。所谓"四期",是指经期、孕期、产期和哺乳期。她们经期保护得不到重视,孕期保护得不到落实,产假制度不能执行,哺乳时间得不到保障。致使女农民工一旦生育便遭辞退或无奈地主动离开企业,且没有任何经济补偿。据调查,社会上部分非公有制企业为了避开女职工孕、产、哺乳期,只招收 19 ~25 岁未婚未育的女农民工。女农民工怀孕后离开工作岗位的现象非常普遍。

4. 工伤保险参保率低

由于没有城市户口,女农民工不能进入城市的正式就业体系,只能从事苦、脏、累、险的体力劳动和技术含量较低的劳动密集型工种。这些工作劳动强度大,危险性高,尤其是多数女农民工,因其流动性强、用工单位不明确、用工不规范等原因,投保人数远远低于实际应保数,许多企业更是因为成本问题而暗中抵制。女农民工工伤保险参保率低。有调查显示,非国有企业的女农民工参加保险的比率不到 50%。因此,一旦伤残,医治赔偿困难。

5. 医疗、养老保险空缺

据一项调查,女农民工一旦生病,有 42.3% 的人选择凭经验自己处理,42.3% 的人到小诊所看,11.5% 的人硬撑着,只有 3.8% 的人到正规医院看病。所以,女农民工生病以后,不是仗着年轻、身体好硬挺过来,就是找江湖游医应付了事。另外,也有些女农民工不得不花钱看病,但看病支出绝大部分是自费,用人单位为他们支付的费用极少。

6. 无法享受《劳动法》规定的休息、休假权

据全国妇联的调查显示,女农民工日工作 9 个小时至 10 个小时的占 40% 以上,日工作超过 11 个小时的占 24.8% 以上;每周能休息 2 天左右的女性农民工不到 5%,每月能休息 4 天左右的仅为 34.2%。

7. 就业渠道不正规,工作条件差

由于生理和文化素质偏低(有调查显示,女农民工中,初中文化程度的占 53.64%,高中、中专和技校的占 28.58%,小学的占 11.77%,有大专学历的仅占 4.31%。主要从事"体能型"和"简单操作型"的工作,技术含量低,收入少。在调查的 13 个市中,女农民工的平均月工资在 650 元左右)等原因,女农民工就业比男农民工困难,相当部分女农民工就业渠道不正规,主要集中在家政、酒店、美发、美容等行业,也有一部分是流水线上的制造加工人员。非正规就业不仅意味着女农民工个体收入的不稳定,工作时间长,工作条件差,无加班费,无休息,无休假,其权益难以保障。

8.文化生活匮乏,精神和心理问题较突出。

据一项调查,女农民工中,有 8249 人表示最近半年出现精神和心理方面不适状,占 75%。这些人当中,感觉身心疲惫的占38%,感到孤独的占 29%,烦躁易怒的占 12%,睡不着觉的占11%,觉得自己没有用的占 10%。

(二)女职工劳动权益保护的法律规定

目前我国女职工劳动保护相关法律法规主要有《中华人民共和国妇女权益保护法》(以下简称《妇女权益保护法》)、《女职工劳动保护规定》和《女职工禁忌劳动范围的规定》,这些是女农民工应当学习、了解和掌握,以保护自己的合法权益的重要法律依据。在此,就其主要内容介绍如下:

1.《妇女权益保护法》有关妇女劳动权益保护的规定

(1)国家保障妇女享有与男子平等的劳动权利。

(2)各单位在录用职工时,除不适合妇女的工种或者岗位外,不得以性别为由拒绝录用妇女或者提高对妇女的录用标准。禁止招收未满十六周岁的女工。

(3)实行男女同工同酬。在分配住房和享受福利待遇方面男女平等。

(4)在晋职、晋级、评定专业技术职务等方面,应当坚持男女平等的原则,不得歧视妇女。

(5)任何单位均应根据妇女的特点,依法保护妇女在工作和劳动时的安全和健康,不得安排不适合妇女从事的工作和劳动。妇女在经期、孕期、产期、哺乳期受特殊保护。

(6)任何单位不得以结婚、怀孕、产假、哺乳等为由,辞退女职工或者单方解除劳动合同。

(7)国家发展社会保险、社会救济和医疗卫生事业,为年老、疾病或者丧失劳动能力的妇女获得物质资助创造条件。

2.《女职工劳动保护规定》的主要内容

(1)凡适合妇女从事劳动的单位,不得拒绝招收女职工。

(2)不得在女职工怀孕期、产期、哺乳期降低其基本工资,或者解除劳动合同。

(3)禁止安排女职工从事矿山井下、国家规定的第四级体力劳动强度的劳动和其他女职工禁忌从事的劳动。

(4)女职工在月经期间,所在单位不得安排其从事高空、低温、冷水和国家规定的第三级体力劳动强度的劳动。

(5)女职工在怀孕期间,所在单位不得安排其从事国家规定的第三级体力劳动强度的劳动和孕期禁忌从事的劳动,不得在正常劳动日以外延长劳动时间,对不能胜任原劳动的,应当根据医务部门的证明,予以减轻劳动量或者安排其他劳动。

怀孕七个月以上(含七个月)的女职工,一般不得安排其从事夜班劳动,在劳动时间内应安排一定的休息时间。

怀孕的女职工,在劳动时间内进行产前检查,应当算作劳动时间。

(6)女职工产假为 90 天,其中产前休假 15 天。难产的,增加产假 15 天。多胞胎生育的,每多生 1 个婴儿,增加产假 15 天。

女职工怀孕流产的,其所在单位应当根据医务部门的证明,给予一定时间的产假。

(7)有不满 1 周岁婴儿的女职工,其所在单位应当在每班劳动时间内给予其两次哺乳(含人工喂养)时间,每次30分钟。多胞胎生育的,每多哺乳1个婴儿,每次哺乳时间增加30分钟。女职工每班劳动时间内的两次哺乳时间,可以合并使用,哺乳时间和在本单位内哺乳往返途中的时间,算作劳动时间。

(8)女职工在哺乳期内,所在单位不得安排其从事国家规定的第三级体力劳动强度的劳动和哺乳期禁忌从事的劳动,不得延长其劳动时间,一般不得安排其从事夜班劳动。

(9)女职工比较多的单位应当按照国家有关规定,以自办或者联办的形式,逐步建立女职工卫生室、孕妇休息室、哺乳室、托儿所、幼儿园等设施,并妥善解决女职工在生理卫生、哺乳、照料婴儿方面的困难。

(10)女职工劳动保护的权益受到侵害时,有权向所在单位的主管部门或者当地劳动部门提出申诉。受理申诉的部门应当自收到申诉书之日起30日内作出处理决定,女职工对处理决定不服的,可以在收到处理决定书之日起15日内向人民法院起诉。

(11)对违反本规定侵害女职工劳动保护权益的单位负责人及其直接责任人员,其所在单位的主管部门,应当根据情节轻重,给予行政处分,并责令该单位给予被侵害女职工合理的经济补偿;构成犯罪的,由司法机关依法追究刑事责任。

(12)各级劳动部门负责对本规定的执行进行检查。

各级卫生部门和工会、妇联组织有权对本规定的执行进行监督。

3.《女职工禁忌劳动范围的规定》的主要内容

(1)女职工禁忌从事的劳动范围

①矿山井下作业。

②森林业伐木、归楞及流放作业。

③《体力劳动强度分级》标准中第四级体力劳动强度的作业。

④建筑业脚手架的组装和拆除作业,以及电力、电信行业的高

处架线作业。

⑤连续负重(指每小时负重次数在 6 次以上)每次负重超过 20 公斤,间断负重每次负重超过 25 公斤的作业。

(2)女职工在月经期间禁忌从事的劳动范围

①食品冷冻库内及冷水等低温作业。

②《体力劳动强度分级》标准中第Ⅲ级体力劳动强度的作业。

③《高处作业分级》标准中第二级(含二级)以上的作业。

(3)已婚待孕女职工禁忌从事的劳动范围

铅、汞、苯、镉等作业场所属于《有毒作业分级》标准中第三、四级的作业。

(4)怀孕女职工禁忌从事的劳动范围

①作业场所空气中铅及其化合物、汞及其化合物、苯、镉铍、砷、氰化物、氮氧化物、一氧化碳、二硫化碳、氯、己内酰胺、氯丁二烯、氯乙烯、环氧乙烷、苯胺、甲醛等有毒物质浓度超过国家卫生标准的作业。

②制药行业中从事抗癌药物及已烯雌酚生产的作业。

③业场所放射性物质超过《放射防护规定》中规定剂量的作业。

④人力进行的土方和石方作业。

⑤《体力劳动强度分级》标准中第三级体力劳动强度的作业。

⑥伴有全身强烈振动的作业,如风钻、捣固机、锻造等作业,以及拖拉机驾驶等。

⑦作中需要频繁弯腰、攀高、下蹲的作业,如焊接作业。

⑧《高处作业分级》标准所规定的高处作业。

(5)乳母禁忌从事的劳动范围

①第(4)条中第①、⑤项的作业。

②作业场所空气中锰、氟、溴、甲醇、有机磷化合物、有机氯化合物的浓度超过国家卫生标准的作业。

四、农民工维权的主要途径

(一) 参加就业培训

国家对农民工问题非常关心,高度重视,采取了很多措施,其中加大对农民工的培训力度就是重要的措施之一。有很多针对农民工的培训都是免费的。因此,农民工应当积极主动参加政府部门、相关企事业单位、机构组织的就业岗位培训,学习和掌握生产技能,安全生产知识和相关法律知识,提高自身素质,增强自我保护意识,并能够运用法律知识保护自身合法权益。

(二) 劳动保障监察

农民工合法权益在受到用人单位侵害时,可首先考虑通过劳动保障监察途径维护其权益。所谓劳动保障监察,就是指由劳动保障行政主管部门对用人单位和劳动者遵守劳动保障法律、法规、规章情况进行检查并对违法行为予以处罚。劳动保障监察机构代表国家执法,具有强制力。法律还要求劳动保障监察机构为举报人保密,举报人的情况不会被泄漏。法律规定,一个举报只要是事实,都能得到查处,而且要给举报人回复。农民工无论到什么地方打工,首先要记住当地劳动保障监察机构的举报电话,这是最简洁和方便的维权途径。

农民工在下述情况下可以向劳动保障监察机构举报投诉:

(1)用人单位违反录用和招聘职工规定的。如招用童工、收取风险抵押金、扣押身份证件等。

(2)用人单位违反有关劳动合同规定的。如拒不签订劳动合同、违法解除劳动合同、解除劳动合同后不按国家规定支付经济补偿金。

(3)用人单位违反女职工和未成年工特殊劳动保护规定的。如安排女职工从事矿山井下劳动等。

(4)用人单位违反工作时间和休息休假规定的。如超时加班加点、强迫加班加点、不依法安排劳动者休假等。

（5）用人单位违反工资支付规定的。如克扣或无故拖欠工资、拒不支付加班加点工资、拒不遵守最低工资标准规定等。

（6）用人单位制定的劳动规章制度违反法律法规规定的。如用人单位规章制度规定农民工不参加工伤保险，工伤责任由农民工自负等。

（7）用人单位违反社会保险规定的。如不依法为农民工办理社会保险和缴纳社会保险费等。

（8）未经工商部门登记的非法用工主体违反劳动保障法律法规，侵害农民工合法权益的。

（9）职业中介机构违反职业中介有关规定的。如提供虚假信息、超标准收费等。

（10）从事劳动能力鉴定的组织或者个人违反劳动能力鉴定规定的。如提供虚假鉴定意见、提供虚假诊断证明、收受当事人财物等。

（11）法律、法规、规章规定的劳动保障监察机构应当受理的其他事项。

（三）劳动争议仲裁

1. 劳动争议仲裁处理范围

劳动争议发生后，当事人可以向本单位劳动争议调解委员会申请调解，调解不成，当事人一方要求仲裁的，可以向劳动争议仲裁委员会申请仲裁。因此，劳动争议仲裁也是解决劳动关系当事人之间的权利义务纠纷的重要途径。《企业劳动争议处理条例》对劳动争议处理范围作了如下规定：因企业开除、除名、辞退职工和职工辞职、自动离职发生的争议；因执行国家有关工资、保险、福利、培训、劳动保护的规定发生的争议；因履行劳动合同发生的争议；法律、法规规定应当依照本条例处理的其他劳动争议。"工资"是指按照国家统计局规定应统计在职工工资总额中的各种劳动报酬,包括标准工资、有规定标准的各种奖金、津贴和补贴。"保险"是指社会保险,包括工伤保险、医疗保险、生育保险、失业保险、养老保险和病假待遇、死亡丧葬抚恤等社会保障待遇。"福利"是指用人单位用于补助职工及其家属和举办集体福利事业的费用,包括集体福利费、职工上下班交通补助费、探亲路费、取暖补贴、生活困难补助费等。"培训"是指职工在职期间(含转岗)的职业技术培训,包括在各类专业学校(职业技术学校、职工学校、技工学校、高等院校等)和各种职业技术训练班、进修班的培训及与其相关的培训合同、培训费用等。"劳动保护"是指为保障劳动者在劳动过程中获得适宜的劳动条件而采取的各项保护措施,包括工作时间和休息时间、休假制度的规定,各项保障劳动安全与卫生的措施,女职工的劳动保护规定,未成年工的劳动保护规定等。

最高人民法院在新出台的司法解释中明确,劳动者以单位的工资欠条作为证据可以直接向人民法院起诉。这项措施是方便广大农民工依法追索工资的举措。法院可以将农民工凭工资欠条追讨工资当作劳动报酬纠纷,依据《民法通则》的规定按照普通民事案件直接处理,不经仲裁程序,及时保护农民工应得的工资收入。

2. 劳动争议仲裁的申诉时效

劳动者在劳动争议发生之后,必须在法定的时效内提出仲裁请求。《劳动法》第八十二条规定,提出仲裁要求的一方应当自劳动争议发生之日起 60 日内向劳动争议仲裁委员会提出书面申请。1995 年 8 月 11 日原劳动部发布的《关于贯彻执行 <中华人民共和国劳动法 >若干问题的意见》第八十五条规定,劳动争议发生之日是指当事人知道或者应当知道其权利被侵害之日。根据原劳动部办公厅《关于对 <中华人民共和国企业劳动争议处理条例 >第二十三条如何理解的复函》(劳办发[1994]257 号),"知道或者应当知道其权利被侵害之日"是指有证据表明权利人知道自己的权利被侵害的日期,或者根据一般规律推定权利人知道自己的权利被侵害的日期，即劳动争议发生之日。

3. 劳动争议仲裁申请

提出仲裁要求的一方应当自劳动争议发生之日起60日内向劳动争议仲裁委员会提出书面申请。仲裁裁决一般应在收到仲裁申请60日内作出。对仲裁裁决无异议的，当事人必须履行。当事人向仲裁委员会申请仲裁，应当提交申请书，并按照被诉人数提交副本。申请书应当载明下列事项：

（1）职工当事人的姓名、职业、住址和工作单位；企业的名称、地址和法定代表人的姓名、职务。

（2）仲裁请求和所根据的事实和理由。

（3）证据、证人的姓名和住址。主要的证据包括：第一，来源于用人单位的证据，如与用人单位签订的劳动合同或者与用人单位存在事实劳动关系的证明材料、工资单、用人单位签订劳动合同时收取押金的收条、用人单位解除或者终止劳动关系通知书、出勤记录等。第二，来源于其他主体的证据，如职业中介机构的收费单据。第三，来源于有关社会机构，如发生工伤或者职业病后的医疗诊断证明或者职业病诊断证明书、职业病诊断鉴定书、向劳动保障行政部门寄出举报材料的邮局回执。第四，来源于劳动保障部门的证据，如劳动保证部门告知投诉受理结果或查处结果的通知书。

根据《关于进一步解决拖欠农民工工资问题的通知》（劳社部发[2005]23号）规定，对于申请劳动仲裁的农民工，生活困难的免交仲裁费预收款。农民工当事人败诉的，酌情减免仲裁费。有条件的地方，要免除农民工的劳动仲裁费用。各级劳动争议仲裁机构要积极争取地方财政加大对劳动仲裁经费的支持力度，确保劳动争议案件处理工作的正常开展，减轻当事人特别是农民工的经济负担。

（四）劳动争议诉讼

1. 诉讼法案的确定

如果劳动者不服仲裁裁决，可以向人民法院提起诉讼。通常情况下劳动争议诉讼的第一审由作出该仲裁裁决的劳动争议仲裁委员会所在地的基层法院管辖。根据《最高人民法院关于审理劳动争议案件适用法律若干问题的解释》，劳动争议案件由用人单位所在地或者劳动合同履行地的基层人民法院管辖。劳动合同履行地不明确的，由用人单位所在地的基层人民法院管辖。当事人双方不服劳动争议仲裁委员会作出的同一仲裁，均向同一人民法院提起诉讼的，先起诉的一方当事人为原告，但对双方的诉讼请求，人民法院应当一并作出裁决。当事人双方就同一仲裁裁决分别向有管辖权的人民法院起诉时，后受理的人民法院应当将案件移送给先受理的人民法院。

2. 法律援助

（1）申请法律援助事项

法律援助是国家对某些经济困难或特殊案件的当事人给予免收法律服务费用提供法律帮助的一项法律制度。

①民事和行政案件申请法律援助事项

根据《法律援助条例》第十条的规定，在民事和行政案件中，公民对下列需要代理的事项，因经济困难没有委托代理人的，可以向法院援助机构申请法律援助。

a. 依法请求国家赔偿的；

b. 请求给予社会保险待遇或者最低生活保障待遇的；

c. 请求发给抚恤金、救济金的；

d. 请求给付赡养费、抚养费、扶养费的；

e. 请求支付劳动报酬的；

f. 主张因见义勇为行为产生的民事权益的；

g. 省、自治区、直辖市人民政府根据《法律援助条例》的授权在上述六项规定范围之外补充规定的法律援助事项。

②刑事案件申请法律援助事项

根据《法律援助条例》第十一条的规定，刑事诉讼中有下列情

形之一的,公民可以向法律援助机构申请法律援助:

a. 犯罪嫌疑人在被侦查机关第一次讯问后或者采取强制措施之日起,因经济困难没有聘请律师的;

b. 公诉案件中的被害人及其法定代理人或者近亲属,自案件移送审查起诉之日起,因经济困难没有委托诉讼代理人的;

c. 自诉案件的自诉人及其法定代理人,自案件被人民法院受理之日起,因经济困难没有委托诉讼代理人的。

《法律援助条例》第十二条规定,公诉人出庭公诉的案件,被告人因经济困难或者其他原因没有委托辩护人,人民法院为被告人指定辩护时,法律援助机构应当提供法律援助。

被告人是盲、聋、哑人或者未成年人而没有委托辩护人的,或者被告人可能被判处死刑而没有委托辩护人的,人民法院为被告人指定辩护时,法律援助机构应当提供法律援助,无须对被告人进行经济状况的审查。

(2)法律援助机构的确定

①民事和行政案件法律援助机构的确定

a. 请求国家赔偿的,向赔偿义务机关所在地的法院援助机构提出申请;

b. 请求给予社会保险待遇、最低生活保障待遇或者请求发给抚恤金、救济金的,向提供社会保险待遇、最低生活保障待遇或者发给抚恤金、救济金的义务机关所在地的法律援助机构提出申请;

c. 请求给付赡养费、抚养费、扶养费的,向给付赡养费、抚养费、扶养费的义务人住所地的法律援助机构提出申请;

d. 请求支付劳动报酬的,向支付劳动报酬的义务人住所地的法律援助机构提出申请;

e. 主张见义勇为行为产生的民事权益的,向被请求人住所地的法律援助机构提出申请。

②刑事案件法律援助机构的确定

就《法律援助条例》第十一条所列刑事诉讼情形申请法律援助的,应当向审理案件的人民法院所在地的法律援助机构提出申请。被羁押的犯罪嫌疑人的申请由看守所在 24 小时内转交法律援助机构,申请法律援助所需提交的有关证件、证明材料由看守所通知申请人的法定代理人或者近亲属协助提供。

(五)行政复议

行政复议,是指公民、法人或者其他组织认为行政主体的具体行政行为违法或不当侵犯其合法权益,依法向主管行政机关提出复查该具体行政行为的申请,行政复议机关依照法定程序对被申请的具体行政行为进行合法性、适当性审查,并做出行政复议决定的一种法律制度。如果农民工认为劳动保障行政部门的行政行为侵犯了自己的合法权益,即可以要求上级劳动保障部门或当地政府进行重新审查。

如果劳动者对行政复议决定不服,可以在收到复议决定书后 15 日内,或自行政复议期满之日起 15 日内,向人民法院提起"民告官"的行政诉讼,但是这并不是说打官司之前一定要先申请复议,除非法律有特殊的规定,劳动者有权不经复议直接向人民法院起诉,但是不能同时既提出行政复议又提起行政诉讼。

(六)通过工会和媒体维权

根据《工会法》以及相关法律法规,工会是劳动保护工作的第一监督者,监督的范围主要有监督行政贯彻安全生产法规,督促行政为职工创造良好的工作环境,确保职工劳动安全卫生权益,参与工伤处理等等。根据 2001 年修订的《工会法》规定,在中国境内的企业、事业单位、机关中以工资收入为主要生活来源的体力劳动者和脑力劳动者,不分民族、种族、性别、职业、宗教信仰、教育程度,都有依法参加和组织工会的权利,并通过工会组织维护自己的合法权益。因此,农民工要善于通过工会维护自己的合法权益。

农民工还可以向合法媒体包括报纸、广播电台、电视台、网络披露自己的遭遇,以引起社会和政府的关注,使那些有恶意欠薪等侵权行为的用人单位受到社会的监督和谴责,促使有关方面尽快维护农民工的合法权益。